嘉陵江流域生态补偿与高质量发展研究

孙加秀 ◎ 著

人 民 出 版 社

责任编辑：邵永忠

封面设计：黄桂月

版式设计：陈　萍

图书在版编目（CIP）数据

嘉陵江流域生态补偿与高质量发展研究 / 孙加秀 著 . — 北京：
　人民出版社 , 2021.12

ISBN 978-7-01-023945-3

Ⅰ . ①嘉… Ⅱ . ①孙… Ⅲ . ①嘉陵江—流域—生态环境保护—研究②嘉陵江—
　流域—区域经济发展—研究Ⅳ . ① X321.2 ② F127

中国版本图书馆 CIP 数据核字 (2021) 第 222529 号

嘉陵江流域生态补偿与高质量发展研究
JIALINGJIANG LIUYU SHENGTAI BUCHANG YU GAOZHILIANG FAZHAN YANJIU

孙加秀　著

人 民 出 版 社 出版发行

（100706　北京市东城区隆福寺街 99 号）

北京中科印刷有限公司印刷　　新华书店经销

2021 年 12 月 第 1 版　　2021 年 12 月北京第 1 次印刷

开本：710 毫米 × 1000 毫米 1/16　印张：14.5 字数：235 千字

ISBN 978-7-01-023945-3　　定价：60.00 元

邮购地址　　100706　　北京市东城区隆福寺街 99 号

人民东方图书销售中心　电话（010）65250042　65289539

凡购买本社图书，如有印制质量问题，我社负责调换。

服务电话：（010）65250042

序

生态环境具有公共物品属性和非排他性，一个区域生态环境保护活动因其外溢性可为其他区域带来正外部性，从而使得不同区域之间产生了保护与受益的利益关系。对于相关性高、总体稳定性强的流域水生态系统而言，这种关系表现得尤为突出。因此，在流域水环境保护中应充分考虑流域的整体性，统筹流域上下游、左右岸，突破传统行政区划限制，建立起流域跨行政区域的水环境生态补偿机制，将有利于协调流域不同区域之间的发展与环境保护之间的关系，推动流域共建、共治、共享，实现流域生态保护和高质量发展。

2005 年以来，学术界对生态补偿问题进行了系统研究，取得了丰硕的研究成果。与此同时，生态补偿实践也实现了一定成效。2007 年，国家环保总局开始推动生态补偿试点工作。随着生态补偿试点取得新进展，我国建立生态补偿机制的总体框架也已初步形成。2012 年，党的十八大报告对重点生态区的生态补偿制度以及地区间横向补偿等问题作出了具体部署；2015 年，《中共中央国务院关于加快推进生态文明建设的意见》（中发〔2015〕12 号），提出了更高质量的、更深层次的生态文明制度建设，明确要求探索并建立适合我国国情的多元融合的生态补偿机制；2019 年，自然资源部、国家发展改革委、财政部、农业农村部等 9 部门联合印发的《建立市场化、多元化生态保护补偿机制行动计划》明确指出，到 2020 年，将初步建成较为完备的生态补偿实施框架，为补偿实践提供政策保障和方针指引。

近年来，党中央、国务院高度关注长江经济带建设。习近平总书记提出，长江经济带发展要坚持共抓大保护、不搞大开发，是长江流域环境保护的关键点所在。嘉陵江是长江上游的重要支流，也是长江经济带建设的重要组成部分，更是流域治理的重点区域。

嘉陵江因流经陕西省凤县东北嘉陵谷而得名，流经陕西、甘肃、四川、重庆四省市共40个区县，在重庆市朝天门汇入长江。嘉陵江干流流域面积3.92万平方公里，支流流域面积16万平方公里，是长江各支流中流域面积最广的一条河流，也是我国著名的跨省域的河流。深入分析流域环境变迁的过程、原因、规律，剖析嘉陵江流域生态保护与社会经济发展中存在的问题，探索实现嘉陵江流域生态保护和高质量发展路径及对策，可以为长江上游地区的生态保护提供有益的借鉴。

本书以嘉陵江流域为研究对象，系统深入地分析嘉陵江流域生态环境和区情特征，详细介绍了流域各地的生态保护和经济发展现状；在介绍流域生态补偿的概念、理论基础和运行机制的基础上，阐述了国内外重要流域跨区域治理等的成功经验，深入分析了经济激励手段对实现流域生态环境保护的作用。在分析嘉陵江流域生态区域现状及关键问题的基础上，提出了完善嘉陵江流域生态补偿机制的相应对策，即从完善相关法律法规、建立多元化生态补偿模式、加强政府联动的监管职能、完善省际协商补偿机制等方面入手，基于山水林田湖草系统观点，统一协调流域内生态、资源、社会、经济等因素之间的关系，更好地促进嘉陵江流域生态环境保护与社会经济可持续发展。成渝地区双城经济圈地处长江上游，既是我国西部地区发展水平最高、发展潜力较大的城镇化区域，也是实施长江经济带和"一带一路"建设的重要组成部分。因此，成渝两地应开展全方位、多层次的合作，构建高效务实的合作机制，加快嘉陵江流域转型发展，推动嘉陵江流域全面融入成渝地区双城经济圈建设，推动嘉陵江流域生态保护和高质量发展。本书结构安排科学合理、研究内容系统全面、方法科学、数据翔实、分析问题深入有据，对策具有较好的针对性和可操作性，对于嘉陵江流域乃至中国流域经济管治与发展具有很好的指导和借鉴意义。

中国生态经济学学会副理事长兼秘书长
中国社会科学院农村发展研究所研究员、博士生导师

于法稳

2020 年 11 月 30 日

自 序

　　流域生态系统是一个相关性高、总体稳定性较强的生态环境系统。因为生态环境属于公共物品，生态环境保护的正负外部性可为本区域及其他区域带来良好的或不利的生态环境效益。因而，生态环境相互关联的行政区域之间存在保护与受益的利益相关性，建立健全跨行政区域的生态补偿机制将有利于更好地协调区域间的经济发展与环境保护关系，也可以更好地实现区域共建、共治、共享的可持续发展。保护并建设流域生态环境，迫切需要从流域的整体性和相关性出发，统筹兼顾好上下游行政区域之间的资源优势和政策导向功能，最重要的是要突破传统行政主体区划上的历史和人为限制，政府相关的各部门形成联动，建立起跨行政区域生态环境保护机制。从环境经济学的角度出发，尤其是跨行政区生态补偿要在全区域范围内实现对环境保护正外部性的激励，就是要真正坚持落实和贯彻整体生态主义理念下保护地区与受益地区之间的利益协调和联动机制，只有这样才可能有效实现区域共建共治共享以及协同发展。

　　2005 年，中国拉开了生态补偿的序幕，学术界相关专家学者发表的有关生态补偿的学术研究成果丰硕，政府方面的实践探索也初见成效。政府实践探索方面，2007 年环保总局首次发布指导方针文件，文件指出，基于理论与现实的需要在部分地区开展补偿试点工作；2010 年全面铺开生态补偿立法，在理论研究和实践的基础上，随着生态补偿法制化进程的开启，已经逐渐形成我国生态补偿机制的总体框架；2012年党的十八大全方位开启了生态文明建设的新征程，特别是重点加快自然资源及其相关产品价格改革，要求实现市场价格全面反映供求、资源稀缺程度、生态环境损益成本和修复效益，具体部署了重点生态区的生态补偿制度以及地区间横向补偿等问题，以便让这些地区有更加可操作性的政策举措；2015年国务院审议并通过了加速生态文明建设意见的一系列文件，并在此次会议上明确提出了要建设更高质量的、更深层次的生态文明制度，希望各地区积极探索并建立适合我国国情的多元融合的生态补偿机制；2019年自然资源部、国家发改委等9部门联合印发行动计划，计划提出到2020年，通过自2005年以来的一系列指导政策，旨在为全国生态补偿区域的实践提供政策保障和方针指引，将初步建成较为完备的生态补偿实施框架，这将标志着我国在更高远的战略高度审视生态问题。2020年11月，为贯彻落实党中央、国务院关于构建生态文明体系的决策部署，更好地推动保护和改善生态环境，加快形成符合我国国情、具有中国特色的生态保护补偿制度体系，国家发展改革委联合各相关部门研究并起草了《生态保护补偿条例（公开征求意见稿）》，可以预见，《生态保护补偿条例》将在不久的将来出台并实施，这一历史创举能更好地为建设生态文明提供法治保障。

流域生态环境保护关系整个流域（区域）乃至国家环境可持续发展和社会经济发展，流域生态补偿机制的建立和完善需要国家资金和政策的支持，还需要区域内各省（区、市）就补偿对象、补偿范围、补偿标准核算等方面达成一致可行的意见。流域分割化、分散化管理体制下，流域内各个利益主体难以通过集体行动来实现共同利益，致使各个主体基于自身利益的理性思考往往陷入"囚徒博弈困境"，这就是国内流域生态补偿主要集中在省（区、市）内，而跨省流域生态补偿实施困难重重的原因所在。如何完善流域生态补偿机制，作者认为应从流域整体利益出发，要求客观上将国家和地方政府作为共同的生态补偿主体，并通过流域地方政府间有约束力的生态补偿协议规范政府保护与补偿行为，一般而言可以上游政府保护成本和下游政府收益为参照，确定生态补偿标准和国家与地方政府生态补偿分担比例，从而更好地完善生态补偿法律法规体系建设，推进我国流域生态补偿制度的顺利实施。无论从理论视角还是试点实践都证明：流域生态补偿缓解水生态跨界污染的有益探索和有效途径，一方面，能协调流域内各利益主体之间环发矛盾；另一方面，还能在一定程度上起到扶贫的作用。从2007年以来的各地试点及实践效果来看，在相关政策的推动下，各试点区域的流域建设和环境保护均取得了一定的成效；但是，就当前全国范围内的各大水域、河流污染数据等实际情况分析发现，流域生态治理的问题依然十分艰巨和漫长，真正要完成和维持整个生态环境的功能恢复和提升的任务依然任重而道远。因此，环境管理部门一定要坚持政策统筹和市场参与双轨并行，必须坚持保护和治理双管齐下，必须改变无偿使用而不付费、治理污染而不给补偿的现实困境，只有这样才能从实践层面追根溯源地解决现实困难问题。也只有这样的政策导向和举措才能调动环境保护者的积极性和主动性，保护其自身利益不会受到太大损耗；同时，减少生态建设中"搭便车"的现象，通过完善的制度惩治污染者的破坏和占便宜行为，这些制度的实施目前在较好的试点地区得到了印证。因此，政府要在理论研究层面和制度建设层面，不断深挖补偿的理论和思想。即不管是在生态补偿模式、量化方法等理论研究层面，还是在小河流域应用和试点推广等实践层面，按照科学决策的工作机制由各级相关职能部门政府主导成立专门工作组，重点是要聘请在环境经济学、生态资源环境、环境工程等相关领域方面的专家学者共同研究讨论，结合本地区的实情，制定相关保护管理细则并推广试点。比如，2012年新安江作为首个跨省试点，在浙江和安徽两省实施了流域生态补偿试点实践工作；截至2018年底的两轮试点，取得了显著成效，本书后面有专门的经验介绍。新安江首个跨省试点成功实践可以为其他区域跨省流域生态补偿提供鲜活的范例和经验借鉴。

专家学者对于生态补偿研究是随着国家的实践探索开展而演进的。最初时期主要集中表现在相关生态补偿的法律制度和政府规制等宏观领域；21世纪之后，学者们的研究重点逐渐由定性分析转向定量分析，开始关注补偿标准和补偿效果的测度等量化指标及现实难点问题。但是，目前学术界一直没有统一的生态补偿标准，原因有两方面：一方面，主要由于补偿理论产生和存在的时间较短而未达成统一；另一方面，由于各级政府部门相关生态补偿制度大多停留于政策设计层面，真正可以操作实施并落地的很少，同时由于流域内各地区经济社会发展的不平衡性，流域相关利益主体之间因经济基础、发展速度和发展理念的大相径庭，导致区域内生态功能定位、需求以及治理措施的差异化很大，使得跨省流域生态补偿机制的研究更加复杂化和差异化，真正实施起来难度和阻力出更大。如何协调流域各方利益，缓解流域上下游省区之间因为污染损害与保护治理而导致的差距分歧与矛盾激化，关键在于要确保区域经济社会发展与生态资源承载力相协调统一。正是基于目前流域生态补偿研究和实施的诸多难题，不同区域实情复杂情况，更需要各地的研究学者不断探索，以弥补理论研究的不足，探索和发展适合中国流域生态补偿的理论经济学以指导和推动相关政策的落地实践。毫无疑问，遵照生态保护补偿条例的总体要求，深入进行我国流域生态补偿机制的研究，科学开展生态保护补偿是流域经济乃至全国绿色经济发展进程的历史和现实选择。

2016年9月，中共中央政治局正式印发《长江经济带发展规划纲要》，明确确立了长江经济带"一轴、两翼、三极、多点"的发展新格局：所谓"一轴"，就是以长江黄金水道为依托，发挥上海、武汉、重庆的核心作用；所谓"两翼"，主要指沪瑞和沪蓉南北两大运输通道；所谓"三极"，即长江三角洲、长江中游和成渝三个城市群；所谓"多点"，指发挥三大城市群以外地级城市的支撑作用，主要覆盖上海、江苏、浙江、安徽、江西、湖北、湖南、重庆、四川、云南、贵州等11省市，长江经济带包含了总面积约205万平方公里，人口和生产总值均超过全国40%的地区经济社会发展和生态保护建设。长江经济带的空间布局是落实功能定位及各项任务，也是长江经济带规划之初的重点内容，其目的是要实现"生态优先、流域互动、集约发展"。长江经济带战略是中国新一轮改革开放转型的新区域开放开发战略，更是党中央作出的关系国家发展全局的重大战略和重大决策，这一重大战略旨在最终实现长江经济带成为"四带"：一是具有全球影响力的内河经济带；二是东中西互动合作的协调发展带；三是沿海沿江沿边全面推进的对内对外开放带；四是生态文明建设的先行示范带。

嘉陵江是我国著名的跨省河流，作为长江上游的重要支流，因流经陕西凤县东北嘉陵谷而得名；流经陕西、甘肃、四川以及重庆四省市共 40 个区县，在重庆市朝天门汇入长江。干流流域面积 3.92 万平方公里，支流流域面积 16 万平方公里，嘉陵江流域是长江各支流中流域面积最广的一条河流。近几年来，国家正在进行旨在治理、保护长江上游生态环境的"天保工程"以及长江经济带战略的实施，嘉陵江流域成为治理的重点区域。所以，为了更好地融入长江经济带的宏伟战略，彻底摸清流域环境变迁的过程、原因、规律，充分发挥流域上下游的协调联动作用，可以为现代嘉陵江流域的经济发展与环境保护提供历史借鉴。本书以嘉陵江流域为研究对象，运用环境经济学、生态学理论系统深入地分析嘉陵江流域生态环境和区情特征，详细介绍了流域各地的生态保护和经济发展现状；在介绍流域生态补偿的概念、理论基础和运行机制的基础上，结合国外达令河流域、科罗拉多河流域以及国内的新安江流域和渭河流域的跨区域治理等流域的相关经验，对国内外采用经济激励手段实现流域生态环境保护举措进行了全面的比较分析；重点研究嘉陵江流域生态区域现状及关键问题；提出完善嘉陵江流域生态补偿机制应从完善相关的法律法规、建立多元化生态补偿模式、加强政府联动的监管职能、完善省际协商补偿机制，把流域内包括环境、资源、社会、经济在内的诸要素视为一个整体，以便更好地促进流域生态环境保护与社会经济可持续发展。

2020 年 10 月 16 日，中共中央政治局通过审议《成渝地区双城经济圈建设规划纲要》。重庆、成都两个中心城市的协同带动与发展，是党中央基于我国发展的国内国际环境继续发生深刻复杂变化的决策部署。成渝地区双城经济圈建设规划的出台，首先，有利于区域经济布局在西部地区形成优势互补、高质量发展的良好局面；其次，有利于在更大范围内拓展市场空间、优化和稳定产业链、供应链；最后，有利于构建当前国际国内宏观政治形势下的以国内大循环为主体、国内国际双循环相互促进、有益补充的新发展格局。明确到 2030 年，成渝城市群将完成由国家级城市群向世界级城市群历史性跨越的宏伟蓝图和历史使命。可以说，《成渝地区双城经济圈建设规划纲要》是《长江经济带发展规划纲要》的具体部署与实施，成渝地区双城经济圈地处长江上游，地处四川盆地，东邻湘鄂、西通青藏、南连云贵、北接陕甘，相比长三角、粤港澳和京津冀，地处西部腹地的成渝地区是中国最大的回旋余地，这里更是中国西部地区经济社会发展水平最高、发展潜力较大的城镇化核心区域，具有发展极的双重功能，是实施和贯彻好长江经济带和"一带一路"倡议的重要环节和组成部分。当然，成渝两地之间因为嘉陵江流域生态保护与经济发展也是当前关键的现实问题。只有通过两省市间开展全方位、多层次、多领域、多部门的统一协作，进一步构建高效务实的合作机制和运行模式，加快嘉陵江流域沿线的城市转型发展；共同协作以推动嘉陵江流域全面融入成渝地区双城经济圈建设；利用好嘉陵江流域资源优势与发展机遇以助力双城经济圈建设，在西部形成高质量发展的重要增长极。

孙加秀

2020 年 11 月 28 日

目录
CONTENTS

第一章　流域生态理论基础

公元前 4 世纪，在《政治学》一书中，亚里士多德提出："凡是属于最多数人的公共事物常常是最少受人照顾的事物，人们关怀着自己的所有，而忽视公共的事物；对于公共的一切，他至多只留心到其中对他个人多少有些相关的事物。"流域水资源是具代表性的公共事物，如果流域区域的各行政主体都追求自身利益最大化，那么就会造成"公地悲剧"。意识到流域生态环境的重要性后，也有可能由于流域内的行政主体较多，并且资源收益与应当承担的责任不相匹配，使流域区域的不同主体回避各自保护的责任，导致流域生态恶化。流域生态环境保护有环境经济学中的外部性这一特点成为解决流域生态补偿问题的难点之一，外部性具体可以表述为微观主体的活动会给其他群体所处的环境带来影响。保护环境的成本是由整个社会共同承担的，但是每个人得到的利益却不同，这是环境问题的本质。与流域生态环境联系在一起后，问题的实质就是上游通过退耕还林、关闭污染企业等方式，为了保护环境付出巨大代价，而下游却免费享受流域资源带来的便利，取得更多的效益。实现成本的内部化，避免社会福利的损失是解决这一焦点问题的关键所在。关于对受害者的赔偿，主要有以下三种观点：一是以庇古为代表的福利经济学家的环境税观点，他们主张通过向破坏环境的人征收税费的途径来筹集资金以补贴受害人；二是以科斯为代表的产权观点，主张首先明确产权和责任，明确后把受害者作为征收税费的对象，目的是对他们的行为起到反向激励的作用；三是鲍莫尔等人的观点，他们认为若目标是帕累托最优，政府就不应该在受害人和受益人之间的纠纷中进行干预。由于外部性给受害人带来的损害水平会形成一种非常准确的刺激从而导致受害人采取有效的"保护"行动，所以受对受害者的任何补偿和征收税费的行为会引起受外部性影响的个人做出毫无效率的反应。

以陶希格和赛尼卡为代表的经济学家在 20 世纪 70 年代从环境与发展关系的角度分析补偿问题，由此得出了补偿发展论。他们的观点是，经济增长和工业排污量规模的逐渐扩大导致了清洁水等资源成为变成稀缺物品，环境资源也可以成为买卖的对象。但关于环境生态补偿问题的研究在学术界中还有其他的声音，并没有得出能够获得大多数学者认可的结论。由英国牛津大学出版的环境损害：赔偿权和损害评估（"Harm to the Environment: The Right to Compensation and the Assessment of Damages"）一书是 1995 年皮特·维特斯坦（Peter Wetterstein）编辑的芬兰土尔库学术研究会论文。HenriSmets 在论文中提出了一些制度建议，他建议建立突发性污染损害的综合补偿体系，并且在环保领域引进一项综合犯罪制裁与新的绿色超级基金的制度。唐迈（Dunford）等探讨了生态补偿的对象，以及因环境污染造成公共财产损失的补偿数额等问题。可以看出，环境补偿已发生了改变，由原来的损失补偿演变为权利补偿问题。

2000 年以后，随着区域流域污染问题带来的消极影响凸显，人们越来越重视生态环境问题，流域生态补偿在实践中被大量采用并得出一些实践经验，导致流域生态补偿机制的理论研究落后于其在实践中的发展。

第一节　流域生态补偿

一、流域

"流域"的概念，在《辞海》中的定义是："地表水与地下水所涉及的全部的积水区域。"一般来说，流域，指由分水线所包围的河流集水区；又分地面集水区和地下集水区两类。如果地面集水区和地下集水区相重合，称为闭合流域；如果不重合，则称为非闭合流域。平时所称的流域，一般都指地面集水区。流域根据其中的河流最终是否入海可分为内流区（或内流流域）和外流区（外流流域）。流域通常有下列特点：

（一）整体性

流域是一个完整的生态系统，上游、下游、左岸、右岸、主流、支流之间紧密相关。因此，必须整体考量，全流域的整体发展与产生的潜在影响需要在进行小规模发展或是宏观规划时被充分考虑到。

（二）区域性

现阶段，很多河流在中国都是跨省河流，即流域不在同一省份或地区内。在流域内，开发利用上下游地区水资源可能会引起矛盾或冲突，打破整个流域的生态系统平衡，所以，建立跨省生态补偿机制，便于有效维护环境。

（三）单向性

水流的规律在很大程度上决定了流域的单向性。换句话说，上游的水污染治理会对下游的水污染产生这种影响的原因是水流的规律，即水通常是自上游向下游，自支流进入干流。但是，若对上游地区的水污染问题置之不理，势必会给下游地区水环境造成恶劣影响。由于流域的单向特征，跨省治理保护流域变得十分艰难。由于许多流域横跨越若干个省份，想要进行有效治理单靠某个省份或企业是很难完成的。由于利益涉及众多省份，需要中央政府进行调控和协调，才能有效解决治理与保护环境中的省际冲突，一同为流域内生态环境的保护和治理做出努力。

（四）可量度化

对流域的量度描述主要包括流域面积、河网密度、流域形状、流域高度、流域方向或干流方向等指标。

流域面积：流域地面分水线和出口断面所包围的面积，在水文上又称集水面积，单位是平方公里。这是河流的重要特征之一，其大小直接影响河流和水量大小及径流的形成过程。

河网密度：流域中干支流总长度和流域面积之比。单位是公里/平方公里。其大小说明水系发育的疏密程度。受到气候、植被、地貌特征、岩石土壤等因素的控制。

流域形状：对河流水量变化有明显影响。

流域高度：主要影响降水形式和流域内的气温，进而影响流域的水量变化。

流域方向或干流方向对冰雪消融时间有一定的影响。

二、流域生态系统

流域生态系统，是流域范围内的生物群落与无机环境构成的统一整体。流域生态系统是一个社会—经济—自然复合生态系统，具有生态完整性。当生态系统受各种自然或人为因素干扰，超过本身的适应能力时，必然会在某些方面出现不可逆转的损伤或退化，表现在生产力下降、生物多样性减少、对环境的调节能力下降等方面。

生态系统是开放系统，为了维系自身的稳定，生态系统需要不断输入能量，否则就有崩溃的危险；许多基础物质在生态系统中不断循环，其中碳循环与全球温室效应密切相关，生态系统是生态学领域的一个主要结构和功能单位，属于生态学研究的最高层次。流域生态系统的研究和维系是流域生态学的基本课题。

流域生态学以流域为研究单元，以为内陆水体资源保护、修复以及制定合理利用决策提供依据为目标，在流域内高地、沿岸带及水体间的信息、能量和物质变化规律是主要的研究内容。一些学者认为生态信息系统是生态系统中由信息分析、数据采集与处理、解释，建模及预测，优化管理系统及专家系统等互相相关的基本部分组成的有机整体，而信息生态学是对这一领域的研究，是对生态系统理论和系统生态学的延续。目前，流域生态学主要研究围绕以下六个方面展开：

（一）关于形成流域的背景与发展进程。

（二）结构、变化及功能在流域景观系统中的体现。空间关系在各种生态系统或要素间的体现被称为流域景观系统的结构，也就是能量、物种及物质的分布，这些能量、物种与物质与生态系统的规模、形状、数量、种类和结构相关联。生态镶嵌体结构及功能随着时间流逝所产生的变化被称为流域景观系统的改变。

（三）生物多样性在流域内的测度，流域景观格局由于生态环境演变进程产生的作用与响应。

（四）干流和支流在流域内的主要营养源泉和基础生产力，能量和物质循环在干流及支流间的关系与规律，江湖阻隔的生态效应和对流动及静止的水生态环境间营养源泉与能源的动力学研究。

（五）环境背景值与环境容量关于流域系统的研究，处理污水及生态工程关于资源利用的研究，从生态学角度考虑水体梯级开发的影响和应对措施，自然灾害的估计与预示警告，工农业在流域内状况与利用保护生物方面资源，社会经济在流域内健康可持续发展的策略。

（六）生态学在流域内表现出的特点与生态工程、人类生态学、流域城市生态学、生态经济在调整控制区域生态环境方面的应用。

总体来说，流域生态学、信息生态学、生态经济学等多学科、多专业的交叉渗透和联合攻关对于流域生态系统的研究是十分必要的。例如，近几十年来，从资源和环境科学的角度，对长江流域进行研究方面取得了颇丰成果。目前，选择一个典型的中等尺度的流域，组织多家研究单位合作进行流域生态学研究，将使生态系统多样性研究的理论性与实践性不断增强。

三、 生态补偿

（一）生态补偿的含义

生态补偿（Eco-compensation）是以保护和可持续利用生态系统服务为目的，以经济手段为主调节相关者利益关系的制度安排。尽管已有一些针对生态补偿的研究和实践探索，但尚没有关于生态补偿的较为公认的定义。在国内外学者研究的基础上，再考虑生态补偿在我国的现实情况，笔者认为，生态补偿是一种制度安排，它的目的是生态系统服务的维护和可持续使用，这种目的主要通过经济方式，来实现对相关人员的利益关系进行调节。系统地来看，生态补偿机制要实现的目标是生态环境的保护，推动人与自然和谐相处，它是以生态保护成本、生态系统服务价值及开发的机会成本为基础的，综合使用政府及市场方式，对因生态环境保护而产生利益关系的相关人员之间进行协调的公共制度。内化外部成本是建立生态补偿机制的基础，重新修复生态服务功能达到应有水平的成本，以及由于破坏行为所引起被补偿者损耗的发展机会成本是补偿破坏行为的外部不经济性的主要基础。以下是生态补偿的四个主要方面内容：

一是将经济效益的外部性利用经济手段内部化；

二是对生态系统本身保护（恢复）或破坏的成本进行补偿；

三是对个人或区域投入或放弃发展机会致力于生态环境保护而造成损失的赔偿；

四是重点关注生态价值极高的地区或对象，把保护性投入措施在这些地区进行。

当前，在生态补偿方面，学者的观点可以分为广义和狭义。生态补偿在狭义上来说是因保护生态系统和自然资源而获得的利益或对生态系统和自然资源破坏所导致损失的补偿；而在广义层面上，生态补偿既包括狭义的生态补偿又包括对造成环境污染者的收费。结合我国国情，我国对排污收费已有了较为系统的一套法律规定，因而迫切需要建立一种生态补偿机制。这种机制是以生态系统服务为基础的，在本书中，主要以狭义概念为研究基础进行论述。生态补偿概念在狭义上相通于生态服务付费（Payment for Ecosystem Services，PES）或生态效益付费（Payment for Ecological Benefit，PEB）等现阶段在国际上通用的概念。为生态系统恢复到原来的稳定状态而对生态系统进行的补偿被称为"生态补偿"。由于环保意识逐渐深入人心，生态环境与人类社会发展间密不可分的关系逐步被人们所关注，要想有效治理生态环境，需要平衡两者之间的关系。动态平衡在生态系统中的实现与发展对破坏生态环境的行为立刻纠正与补偿是生态补偿的主要目的。除此之外，生态补偿也是以对破坏环境者进行惩罚，对保护环境者进行正面维护和鼓励为目标的一种经济政策。同样，生态补偿也是为杜绝严重污染及无止境开发环境而采取的法律强制手段，使用政策与经济杠杆实施制约，最终达到环境保护的目的。

虽然对生态补偿的定义众说纷纭，但生态补偿是生态、经济和法律的有效结合这一说法被许多学术界专家所认同，平衡各利益关系发展的保证及生态环境和谐的推动，需要充分利用自身优势、协调人际关系。

（二）国际生态补偿政策

各国关于生态补偿含义相类似的规定大都包含在与生态系统保护密切相关的其他法律和政策之中，并且主要在开发自然资源、农业、林业政策方面体现出来。

1. 生态补偿的农业政策

许多国家都制定了相关生态补偿政策以防止农业生态系统退化。

美国农业生态补偿政策。早在 20 世纪五六十年代，美国政府就制定了政策，开始补偿农民，并启动了一项自愿退耕计划。具体指通过一些奖励引导农场主主动把一部分耕地退出生产，通过这种方式来保护土壤。1956 年，政府通过农业法规推行的土壤银行计划，是美国的第一个土地退耕计划。计划的具体内容为通过土地换取补偿，只要农场主短期或长期退耕一部分土地，"存入"土壤银行，就可以获得一定金额的补助。当年，美国还实施了有偿转换计划，进一步细化了退耕休耕的生态补贴。1985年，美国政府制订实施了"保护性储备计划"，具体内容为对易发生土壤侵蚀的耕地，应当永久退耕还林、还草或休耕10年。为提高民众的参与积极性，政府会每年支付一定金额的补助给参与计划者以作为补偿，政府还会一次性支付其种植费用总额一半的补助金给永久性退耕还林或还草的公民。为适应实际情况，不断完善相关制度，1996年的《农业法》和2002年的《农业法》相继出台。后来制定的《农业法》对保护计划中农业补贴的数额做出规定，给保护农业环境计划提供法律制度的保障。

农业生态补偿政策在瑞士的实施。1992年瑞士修订的《联邦农业法》通过提供财政补偿促进保护特定物种、保护农业活动的更高生态标准和有机农业这三种类型的农业发展。瑞士主要采取区域生态补偿计划和生态税制改革计划来实施这一规定。其中，区域计划在农民进行具有保护性的农业生产时给予一定补贴、提供经济赔偿给主动采取生态环境保护行为的农民和对加入生物群落保护计划并取得成果的激励补贴三个部分，并且瑞士将生态保护的费用支付问题综合纳入全面的税收改革计划。

研究表明，生态补偿制度在国外农业政策实施中表现出以下四个特点：

一是政策的具体实施主要是以补偿的途径进行，如通过价格补贴机制对农产品进行适当的补偿。鼓励农民采取环保的生产方式实现农业生产方式和生产结构转变，这一政策的关键是政府提供相对充足和长期的财政补贴。

二是补偿主要通过项目的运行支付给农场主一定的金额，且项目得以运行要持续一段时间，这样农场主获得的补偿时间较长，才能达到保护环境的目的。

三是保护项目的落实是通过政府引导、农户自愿参加的原则。它通过政府和农民之间签署的协议来实施。比如，在政府引导方面，美国颁布了许多旨在保护耕地和其他资源环境的法律和长期规划，以应对农业生产对资源环境的负面影响，尤其是在法律和行政途径的保护下成功推行了1985

年通过的"保护计划"。土地退耕计划、永久退耕还草以及 10 年休耕等最后都需要农户去落实，所以农户自愿参加能够提高计划实施的效果。

四是突出补偿权利和责任的一致性，补偿一般都与相应的环保措施挂钩，并且以严格的约束机制保障完成补偿目的。在欧美，退耕还林还草历来受到严格监管。例如，当美国实施"保护计划"时，有详细的环保政策明确规定了计划区域内农场主的责任与权利。若在"保护计划"中一个农民没有参与，则该农民参与"农产品计划"的资格就会被撤销，并且无权享受农业扶持。计划结束之后，并且土地的使用也做了相关规定，以保证取得良好结果的持续性。规定已退耕还林、还草的耕地，在保护期满后，也应当永久停止耕作；在保护期后重新种植的休耕土地，要严格遵守 1985 年和 1990 年修定后的农业法中（具体根据重新种植农作物的时间决定）有关耕地保护的条款。

对我国目前具有生态补偿意义的流域生态建设和流域保护工程来说，以下三个方面具有借鉴意义：一是实施过程中补偿这一经济手段要与相应扶植措施结合，以保障农民的基本收益。经济补偿是生态环境保护与建设中十分重要的经济激励手段，但在补偿标准上要量力而行，可以与扶植措施相结合，提高当地的"造血"能力。二是对于区域间自然社会条件差异大的国家，在项目实施过程中，应考虑政策制定的公平性和政府财政能力与公共服务能力之间的平衡，区域间的补偿标准和补偿强度应有所不同。三是在制定和实施生态补偿政策过程中要尊重各利益主体的意愿。保证补偿政策有效实施的重要条件是建立严格的生态建设和保护的责任约束机制，保护最终的执行者往往是当地居民和企业，所以在制定和实施补偿政策的过程中，尤其要尊重当地人民的合理需求及建议。

2. 生态补偿的矿区复垦政策

自然资源开发常对生态系统造成危害，许多国家提出了解决资源开发中引发的生态问题的办法，如国家和矿业权所有者之间的关系可以通过矿产权出让金或矿业权有偿使用收费来调节，或资源使用者与社会的关系可以通过具有生态税特征的消费税等来调节。

美国关于矿区修复的条例。美国国会在 1977 年制定并正式颁布《露天采矿管理与（环境）修复法》，这是一部全国性矿区生态系统修复法规，它明确规定，国家负责恢复法律颁布前被破坏的废弃矿区；而在这之后发生的破坏矿区生态，采取"破坏的人负责恢复"原则，也就是矿山的生态的破坏主要由矿主修复。在美国，政府通过在财政部和各州设立的"废弃矿恢复治理（复垦）基金"来组织矿山的恢复工作。同时，美国实行恢复治理保证金制度，将开采许可证制度与生态补偿与修复挂钩，具体规定为在相关部门未正式颁发开采许可证之前，申请人必须先缴纳恢复治理保证金，该保证金会分情况使用。若采矿者不执行恢复治理计划，则用于支付恢复管理操作，如果企业完成恢复管理并验收合格，保证金将予以退还。

德国对矿区恢复的规定。德国针对新老矿区的实际情况采取不同的办法解决。根据联邦政府占 3/4，州政府占 1/4 的投资比例，解决了历史遗留的老矿区问题。同时，按《联邦矿山法》，新开发的矿区所有者必须为采矿复垦提出相应的应对措施，保留复垦专项资金，该基金大约占企业年利润的 3%，必须在其他地方按采矿占用的森林、草地等面积恢复。

生态补偿在自然资源开发过程中的运用，国外强调不同的开发状态采取有差异的政策。制定政策时强调主要负责修复生态的人是矿山开采者，在生态修复中开采者责任的法律性质和期限需要被考虑到。因此，为了矿区的恢复，面对新老矿区美国采取了不同的政策。在美国的《露天采矿管理与（环境）修复法》中，条文明确规定不同时间段破坏的矿区采取不同的措施进行治理。规定在法律制定前被破坏的废弃矿区，国家负责恢复原状；而对于在法律颁布之后出现的矿区生态破坏，则由矿山主负责矿山修复。

（三）生态补偿的实施途径

在国外，购入生态系统服务是实施生态补偿的主要途径。根据政府和市场的作用，购买可分为政府购买和市场融资两种类型。其中，市场融资较多地运用市场的手段，如使用者付费等。随着人们对生态服务价值的认识不断深入，市场方法逐渐成为主导方法。

在中国，政府是建立和完善生态补偿机制的主体。生态补偿市场机制的推动者也是政府，为生态服务的卖方提供直接的资金支持，并且承担市场机制建设的必要成本。政府在实践中发挥着重要的作用，是市场发育、技术支持、财务管理等的主导者，主要负责生态服务的测量、认证及监测。政府需要建立健全对市场交易有促进作用的规章制度与监测生态服务的体系，对标准化生态服务制度体系的建设起推动作用，从而为不断完善以市场为导向的生态补偿机制创造条件。

（四）生态补偿政策的法律运行机制

1. 建立健全相关政策法规，实施生态补偿的重要途径是把载体视作项目

在国际上通常实施生态补偿机制的方式是把法律政策当作制度保障，实现生态补偿制度的目标重点是以项目为载体。政策法律是传达国家或地方政府对生态环境的重视以及要实现生态保护目标的决心的保障，是明确补偿实施过程中所要遵循的原则以及对保护措施等做结论性的规定。但是落到实处大多是采用具体项目的实施方式。因此，我国在建立和完善生态补偿机制时，要从构建国家战略层面出发，生态补偿原则应体现在政策和法律体系的框架中，使其更具权威性和针对性；在政策实施过程中，要兼顾项目运作这一落实方式，如果是通过项目运作方式，要重视工程的科学设计和监督，确保工程的最佳生态补偿效益。

2. 实施生态补偿的重要步骤是建立健全高适应性的生态补偿政策体系

推行生态补偿机制不可或缺的一步是建立健全生态补偿政策体系，不论是通过市场机制，还是通过公共财政支付实现买入生态服务，必须有全面和补充性的政策，而这些政策是提供制度保证给买入生态服务的过程。如卡茨基尔河流域的清洁供水交易案例中涉及的税费调整，就具有比较完善且相互配合的政策。因而，我国在建立和完善生态补偿机制过程中，要建立强适应性的生态补偿政策体系，要重视制度的完整和与其他现有政策法律制度的协调，避免实施的过程中出现无法可依或条文冲突的情况。并且在实施生态补偿中，要分析具体问题，重点关注地方政府提供相关再次决策的可能性，避免"一刀切"现象。

3. 生态补偿连续运行的重要条件是发挥政府和市场双重机制作用

在国外，购买生态服务功能的实践中，有政府主导和市场主导两种方式，两者相互协作，共同促进补偿机制的运行。虽然在生态补偿的资金来源、资金使用以及监督等方面这两类方法是不一样的，但是，它们在自己的空间和领域中扮演着不同的角色，二者之间并不是完全对立的。如属于美国政府购买生态服务的耕地保护性储备计划中，在确定土地租金率时，通过市场竞争机制的实施，最后确定的租金率相匹配于自然经济在当地土地的条件，从而提高了农民的满意度，促使项目最终实施的效果得到提升。与此同时，政府在私人与市场贸易、生态标签系统中发挥着举足轻重的作用，负责体系中指导与监督的部分。因而，我国在建立和完善生态补偿机制的过程中，要正确处理政府和市场的关系，让政府和市场机制协同作用。在涉及较多省区市的流域生态补偿中要充分利用市场机制，提高效率；在中小流域生态补偿中，虽然以市场手段实现的补偿可能会取得更好效果，但政府也要履行自己管理与监督的职责。

4. 有效缓解"政府失灵"的困境可以采取建立多主体、多形式的公共支付体系的方式

参考中国的实践，公共财政支付在带有生态补偿性质的生态建设和保护项目中都是发挥着主导作用的方式。但社会资金与公共财政资金对比，在生态补偿机制方面社会资金具有潜在的巨大优势。除此之外，国际上一些经验显示，政府财政支付不仅仅唯有公共财政支付这一途径，政府还可以采取鼓励政策等方式发挥公众的力量，达到补偿的目的。例如，通过提供财政支持给生产项目、减免税收等一系列方式在支付补偿体系中引入社会团体资金及公共资金，这些对政府公共支付体系是一种强有力的补充，可以解决资金不足等问题。

四、 流域生态补偿

生态补偿机制是以保护生态环境、促进人与自然和谐为目的，根据生态系统服务价值、生态保护成本、发展机会成本，综合运用行政和市场手

段，调整生态环境保护和建设相关各方之间利益关系的一种制度安排。它主要针对区域性生态保护和环境污染防治领域，是一项具有经济激励作用、与"污染者付费"原则并存、基于"受益者付费和破坏者付费"原则的环境经济政策。流域生态补偿涉及环境经济学、制度经济学、生态经济学、管理学、地理学和法学等多个学科，内容十分广泛，内涵较丰富。流域生态补偿的含义包括目的、主体和措施。

（一）目的

协助平衡上下游地区的生态环境，各方义务的履行与权利的享有是其主要目的。调解上下游分配利益的冲突，保证权利义务平等，最终解除矛盾，促使上下游一同参与及治理流域环境是流域生态补偿的主要目标。

（二）主体

通常来说，主体是良好生态环境下的受益者，由于中央政府已经为人民提供了优良的生态环境，应该给予对等的补偿，因此补偿者主要是政府。除中央政府外，流域内的居民、地方政府与企业等也是生态补偿的主体。

（三）措施

资金及实物补偿、技术职称、政策扶持和水权交易等途径是补偿流域生态主要方法。对相关者的积极性起保护作用，有利于流域生态环境，无论是何种类型的补偿都能实施。

五、 跨省流域生态补偿机制

（一）跨省流域生态补偿机制的概念

目前，有很多专家对跨省流域生态补偿机制进行了研究，他们大多都集中在从实践的角度研究跨省流域生态补偿，与此同时，补偿跨省流域的水资源的问题也引起了部分专家的重视。

在刘玉龙和阮本清等人（2006）看来，为平衡各方利益，通过行政、经济及法规等途径实现综合治理是跨省流域生态补偿机制的本质。[1]在石

---

[1] 刘玉龙、阮本清、张春玲：《从生态补偿到流域生态共建共享——兼以新安江流域为例的机制探讨》，《中国水利》2006年第10期。

广明和王金南（2014）看来，对流经多省区市地区的河流水资源进行保护，进行有针对性的维护及修复方式是"跨省流域生态补偿机制"的含义，促成在流域生态环境内可持续发展是跨省流域生态补偿机制的首要目标"①。

上述观点大多来源于实践，然而，在跨省流域生态补偿方面，有关概念不是十分清楚。在跨省流域生态补偿中，其研究对象是跨越若干省区市的河流，并对跨省流域造成的生态补偿问题进行研究。所以，界定跨省流域生态补偿需考虑流域范围和补偿目的两方面，也就是说，补偿对象是流经若干省区市的河流，涉及政府与企业流域生态保护的成本，对环境保护的积极性保证等方面，最终达到流域内生态可持续发展的目标。

（二）跨省流域生态补偿机制特点

1. 政府的主体地位

要在不同省份间有效执行流域生态补偿制度，中央的宏观调控是主要依据。在处理冲突时，政府的协调与控制一般是有效且公平合理的，因此，在利益分配方面由于实施生态补偿上下游省份发生矛盾的可能性就会增加，在这种情况下也需要中央的协调。其原因是地方政府自身利益优先是普遍特征，地方政府的排他性和竞争力迫使其将自身利益放在首位，因此不会情愿补偿其他地方政府。然而，上游地区生态环境保护上缺乏积极性的原因恰恰是下游地区地方政府未落实补偿措施。他们在行动上偷懒，是因为在他们看来自己的付出与收获不对等，流域生态环境保护的可获利益十分微薄。并且，区域经济的发展必然会受到生态环境保护行为的影响，下游地区不仅可以享受良好的环境还可以全力发展经济，这会造成上下游地区间的差距会更大。因此，上游地方政府由于追求自身利益的原因不会对流域环境进行保护。但是，上下游地方政府各行其是、各自为战的做法往往会导致集体理性的困境，原因是如果不实施更有效的保护策略，生态环境只会愈加恶劣。中央政府可以站在调节地方政府间利益的层面思考，摆脱狭隘的地方主义，重新分配权利与义务，上游和下游政府若意识到自己目光短浅，并主动合作，政府间的交流与治理策略得到加强，最终流域

① 石广明、王金南：《跨省流域生态补偿机制》，中国环境出版社2014年版。

生态环境保护的良好成为可能。

2.跨省协商建立补偿机制

在跨省流域生态补偿主体方面，第一位的一定是国家，但是在我国有许多跨省跨界河流，中央政府因为财力资源及精力的不足，只好下放各种权力给地方政府，再协调补偿制度，以及推动治理跨省流域最好策略的落实。跨省协商补偿是保护治理生态流域的一项开拓性举措。通过协商沟通，能够使利益相关者的权益得到有效平衡，并且主动协商沟通也能对地方政府间的有效沟通合作起促进作用。流域政府在协商和处理的过程中秉承着双方交流合作的心态，充分沟通，并努力在流域生态补偿上达成合作共识，保证彼此利益推动共同发展。此外，补偿协议还可以使各流域政府的需求和利益都被考虑到，充分沟通协商，最后抱着积极高效的心态推动合作。由此可见，流域政府间是否可以落实生态补偿措施的重要决定性因素是双方能否公开沟通、积极合作、协同实施生态补偿措施。因此，中央政府将利用制定法规和政策的优势，且具有法律约束力的同时，最大限度地发挥上下游省份之间的权利和义务。此外，要积极推进跨省沟通合作，积极交流，争取共同解决问题。同时流域管理委员会也要充分发挥自身作用，协助实施跨省生态补偿措施，推进技术合作与信息共享，从而推动落实及有效解决省际流域生态补偿政策。

第二节　流域经济

一、流域经济的内涵

流域经济是以流域为空间单元划分的一种经济类型，以经济为支点，先导是沿海城市，基础和枢纽是沿海的水陆交通物流体系，其责任是全面发展沿海经济。

二、流域经济的属性

流域经济不仅是一个繁杂的大系统，而且是国民经济大系统的一个子系统。区域经济中的一类特殊经济就是流域经济，区域经济的普遍属性和水资源的特殊属性都是其特点。在这之中，客观性、综合性、可度量性、地域性及系统性等属于一般属性，区段性与差异性、整体性与关联性、开放性和耗散性、层次性和网络性等均属于特殊属性。

（一）关联性与整体性

流域经济作为一种区域经济，有很强的整体性及高度的关联性。流域内各种自然要素相互联系密切，上、中、下游各段以及干支流相互制约并产生作用。如土地退化是由上游地区的森林砍伐和过度开垦造成的，不仅会破坏区域生态环境，影响当地农林牧业的发展，还会给中下游地区带来负面效应，会导致河道淤积抬高流域中下游地区，加大洪水泛滥的可能性，使中下游地区居民的生命财产安全和地区经济社会发展遭到威胁。同样，流域某一地区筑坝也会带来负面／消极影响。土地和居民区在上游会被下游的堤坝淹没；但是在干旱、半干旱地区由于缺少水资源，在上游修建大坝、水库，过度取水将威胁下游的灌溉、工业发展与生活用水，对下游居民的生计与经济发展造成影响。由此，整体流域的经济利益及可能给全流域带来的影响和后果在流域内的任何局部开发中都应考虑到。

（二）差异性与区段性

大的横向纬度带或纵向经度带往往会在干流长、面积大及支流多的流域形成。流域经济的区段性、差异性和复杂性体现在地理位置、自然条件、历史背景和经济基础等方面，在上中下游和干支流存在很多的不同。

中国的长江、黄河从东到西，横跨东、中、西三大区域，存在以下两种负梯度差异：

一是资源的可获得性或丰度的梯度差异，包括水电、森林、土地资源、矿产等；

二是经济实力和经济发展水平的阶梯差异，技术、资金、产业结构、人才等包含在内。

具体地说，资源的丰富度、拥有量从上游到下游，即从西部到东部递减，然而地区经济社会发展水平从上游到下游逐步升高，引发"双重错位"现象，即资源中心偏西，生产能力、经济要素向东分布。

（三）层次性和网络性

流域经济通常是由多层次的分支构成的一个多层次的网络系统。在水资源方面，一个流域由许多小流域构成，小流域又由更小的流域构成，一直划分到最小的支流或小溪为止，从而逐步构成小流域生态经济系统；因此流域经济包括支流生态经济系统，上、中、下游生态经济系统，全流域生态经济系统等多种类别。此外，从产业角度来看，流域生态经济系统包括一些子系统如工业、农业、交通运输、城市等；例如，农业生态经济系统包括种植业和养殖业生态经济系统等。由于流域经济网络的层次性，流域开发也应该有一定的先后顺序和层次选择。

（四）开放性和耗散性

流域是内部子系统相互配合的一种开放耗散结构系统，同时大量人、财、物的信息在系统内外交换，形成一个动态的、更先进、更繁荣的经济体系。流域内部各地区之间要相互分工密切协作，加强技术及人员交流，内陆口岸、港口和其他对外"窗口"对流域的影响要得到充分发挥，引入其他先进的技术、人才、管理经验逐步使外向型经济发展得到深化，促进流域经济的可持续发展。

三、流域经济实践影响

（一）对各要素在流域内的补充与流动对流域经济发展起协助作用，具有合作优势

长江、黄河、珠江的上下游区域具有很强的要素互补性。这三大流域贯穿于中国的东西部，其上游位于西部地区，经济较落后，下游位于东部地区，经济发展水平相对发达，上下游生产要素差异较大。上游地区占全国总面积的57%，与14个国家接壤，面积广阔；这些地区集中了大部分自然矿产资源，开发条件良好。然而，经济发展水平落后是这些地区的劣势，市场化程度低且缺少人才、技术、资金等资源要素是其具体的表现。然而，下游地区与上游地区正好相反，发展优势是经济发展水平高，因为发展市场经济早，所以有充裕的技术、资金、人才；相较之自然资源匮乏，在价格与成本方面，土地、劳动力等生产要素高，现阶段，调整产业结构处于关键阶段，部分产业很难向其他地区转移。

在流域内，如果有较强的上下游地区间的互补性，有利于双方合作。所以，在流域内使经济一体，促进横向整合流域上下游资源、技术、资金及产业，对资源的合理配置有促进作用，追求双赢，产业结构与布局在流域内进行协调，有利于经济在流域内平衡发展。

（二）充分发挥流域中心城市的辐射带动作用

在长江流域，沿江港口城市的发展表现出辐射驱动效应。长江是连接世界、居住中原的主要交通要道，也是横贯东、中、西部的工业轴心。长江干流上有许多港口，对外开放的港口和口岸分布面积广、跨越区域大，其中下游的上海港是长江流域同世界各国文化交流、经济往来的桥头堡，这些星罗云布的港口能够有效促进流域内各地区间经济的横向交流。沿海

港口城市在发挥自身优势发展后，辐射高科技和管理经验到经济腹地与附近地区，有利于全流域经济的发展。

《长江经济带发展规划纲要》形成了"一轴、两翼、三极、多点"的长江经济带发展规划。当前，上海、武汉、重庆三大港口城市在推动经济发展方面发挥了重要作用，在长江流域形成了以上海、武汉、重庆为增长极的三个经济圈。长江在辐射东中西部，促进经济增长空间从沿海向沿江内陆拓展中具有重要作用，沿海沿江沿边全面推进对内对外开放。通过长江流域一体化发展的成功实践可知，流域经济一体化应该作为东西合作的一个有效模式进行推进。所以，在流域内的当地政府应当重视沟通合作，突出统筹规划及建设，在下游经济、沿江港口城市的资本、人才、技术、产业迁移到中上游方面做出巨大努力，坚持形式多样的对口支持，推动区域中上游经济发展，东部地区凭借在流域经济中的合作及一体化发展深化先导者的地位，使东西部地区经济共同发展的目标实现。

（三）具有推动国民经济长期快速和健康持续发展的作用

中国经济的快速增长以牺牲环境为代价，长期以来都是"高投入、高消耗、高排放、低效率"的粗放型经济增长方式。三大流域的下游地区是我国经济发达的东部沿海地区，上游地区是经济发展相对落后的西部地区，尽管中西部地区自然资源丰富。

基于整合流域生态空间及协同治理环境，区域与河流在流域内联系密切的要求。该地区以及其他地区的发展会受到任意一部分环境变化的影响，例如，我国生态环境比较脆弱的西部上游地区、中下游地区的经济发展和人民的生活直接受到黄河源头、黄土高原、长江源头等地区愈加恶劣的生态环境的影响。健康稳定的生态空间可以持续提供物质和精神服务，如人类生命支撑、生态调节、产品供给和审美休闲等。要真正推动流域高质量发展需要上下游、干支流、左右岸形成生态保护联动、环境治理协调的局面。

（四）对产业结构的战略性调整和生产力的合理配置有促进作用

东中西部地区流域经济各有各的优势与劣势。东部地区在区位条件方面具有优势，并且东部地区经济基础好，产业基础、资本以及人力资源、信息、技术、管理社会资源等优势更加明显，然而他们缺乏自然资源，劳动力成本也比较高。在自然资源方面，中西部省份，特别是西部省份有一定的优势，在中西部的若干重点城市中，都有很强的工业基础，然而缺乏无形资源、技术与人才。流域各地区之间的差异与发展要素的互补为一体化发展提供了基础，对流域内各经济区域的经济一体化，实现分工合作，形成整体优势有促进作用。

东部地区位于流域下游，经济发展时间较早，速度较快，如长三角地区已经初步走上高质量发展轨道，在新的发展阶段，下游地区的经济发展对能源、劳动力和原材料等提出了新的要求，劳动密集型加工业在过去支撑着这些地区发展，如今也面临着向附近地区迁移及调整经济结构的负担。与此同时，中西部在流域上游由于区位等因素影响经济发展相对落后，但是在能源、劳动力和原材料等方面具有明显的优势。目前，在经济技术合作方面，流域东、中、西部地区已有了坚实的基础，不仅如此，在农副、旅游及能源产品中相关区域已实施了深度的沟通协作。所以，建设经济带，在流域内的经济发展中促进要素的合理流动和高效聚集，构建合理的产业结构，充分发挥各地区比较优势方面作用，最终构成优势互补、高质量发展的流域区域经济布局。

第三节　生态补偿的生态学理论基础

在生态补偿中，其生态学理论的关键及确定生态补偿标准的主要基础之一是生态系统服务理论。1997 年，"生态系统服务"一词被 Daily 提出，按 Daily 的观点，自然生态系统及其物种支持人类生存的条件及过程被称之为生态系统服务。Costanza深入研究了生态系统服务，提出人类应该直接或间接从生态系统服务中获得生态系统产品和服务。严格地说，人类从生态系统功能中取得了直接或间接利益，具体表现为从生态系统获取的产品与服务。

关于生态系统服务，人类从生态环境中获取的产品及服务并不是无限的，在很大程度上，生态系统服务的数量与质量逐渐降低正是因为自然生态系统的退化与环境污染。然而，由于自然资源及生态系统服务人类的需要增长过快，可替代资源被发明或寻找的速度已远远不及消耗不可再生资源的速度。与此同时，环境的自净化速度不及人类向环境排放的废弃物的速度，生态系统缓解自身干扰、自我调整的补偿能力被扰乱，加剧了环境资源的匮乏。要缓解生态系统服务供需间的矛盾从客观上要求人类必须通过补偿的方式解决。针对流域生态环境问题，应通过补偿的方式鼓励生态建设者进行生态建设，使生态系统服务功能在流域内加强，并且生态系统服务供给在流域内也增加，推动生态系统服务的供给和需求的平衡，对和谐的流域生态环境起保障作用。

生态系统的过程及功能通过生态系统服务与经济学的服务相联系，在自然生态系统和社会经济系统之间架起一座桥梁，为调节人类经济及社会活动和自然生态环境间的关系增加了方式和手段。提高河流生态系统服务功能的一种经济工具是流域生态补偿机制，鼓励流域上游生态建设者通过保护水资源、节约用水等手段保护生态，并且减少排放污染物。除此之外，补偿下游生态也可以更好地利用资源来补偿上游利益，平衡流域内上下游的用水利益，在流域内推动上下游保护生态的行为，维持生态系统结构与功能或流域生态系统服务持续供给的增加，对平衡流域内生态系统服务的供给与需求有推动作用。

一、生态平衡原理

（一）生态平衡的定义

生态平衡（ecological equilibrium）是指在一定时间内生态系统中的生

物和环境之间、生物各个种群之间，通过能量流动、物质循环和信息传递的方式，使它们相互之间达到高度适应、协调和统一的状态。也就是说当生态系统处于平衡状态时，系统内各组成成分之间保持一定的比例关系，能量、物质的输入与输出在较长时间内趋于相等，结构和功能处于相对稳定状态，在受到外来干扰时，能通过自我调节恢复到初始的稳定状态。在生态系统内部，生产者、消费者、分解者和非生物环境之间，在一定时间内保持能量与物质输入、输出动态的相对稳定状态。

对生态系统最早的定义是在 1935 年英国生态学家 A.G.Tansley 提出的。在他看来，在某一空间内，一切生物不断地和它四周的环境进行物质循环及能量流动，最终形成的整体被称作生态系统。这些生物在系统中会一直与所处的环境进行物质交换与能量交换，生态平衡是指物质循环和能量流动在一段时间内保持稳定和平衡的状态，具体指生态系统中的生产者、消费者和分解者之间长期保持平衡的状态。生态系统通过自我调节的方式维持平衡，因此具有一定程度的抗干扰和自净能力，但是在过度利用水资源及排放水污染物过多的情况下，河流无法有效实现自我调节功能，在这种情况下，会损害生态系统的功能与结构，可能发生生态失衡的情况。故在发展经济过程中，人力资源必须以生态平衡的相关原则为基础，为了避免出现生态失衡的情况，进行协调活动不能超过生态系统的自我调节能力，需要在其范围内进行。

（二）生态平衡的特点

当生态系统处于相对稳定状态时，生物之间和生物与环境之间出现高度的相互适应，种群结构与数量比例持久地没有明显的变动，生产与消费和分解之间，即能量和物质的输入与输出之间接近平衡，以及结构与功能之间相互适应并获得最优化的协调关系，这种状态就叫作生态平衡或自然界的平衡。当然这种平衡是动态平衡。

1. 相对平衡

生态平衡是一种相对平衡而不是绝对平衡，因为任何生态系统都不是孤立的，都会与外界发生直接或间接的联系，经常会遭到外界的干扰。生态系统对外界的干扰和压力具有一定的弹性，其自我调节能力也是有限度的，如果外界干扰或压力在其所能忍受的范围之内，当这种干扰或压力去除后，它可以通过自我调节能力恢复；如果外界干扰或压力超过了它所能承受的极限，其自我调节能力也就遭到了破坏，生态系统就会衰退，甚至崩溃。通常把生态系统所能承受压力的极限称为"阈限"，例如，草原应有合理的载畜量，超过了最大适宜载畜量，草原就会退化；森林应有合理的采伐量，采伐量超过生长量，必然引起森林的衰退；污染物的排放量不能超过环境的自净能力，否则就会造成环境污染，危及生物的正常生长，甚至死亡。

如果生态系统受到外界干扰超过它本身自动调节的能力，会导致生态平衡的破坏。生态平衡是生态系统在一定时间内结构和功能的相对稳定状态，其物质和能量的输入输出接近相等，在外来干扰下能通过自我调节（或人为控制）恢复到原初的稳定状态。当外来干扰超越生态系统的自我控制能力而不能恢复到原初状态时，谓之生态失调或生态平衡的破坏。生态平衡是动态的。维护生态平衡不只是保持其原初稳定状态。生态系统可以在被确认为有益的影响下建立新的平衡，达到更合理的结构、更高效的功能和更好的生态效益。

2. 动态平衡

生态平衡是一种动态的平衡而不是静态的平衡，这是因为运动是宇宙间一切事物的最根本的属性，生态系统这个自然界复杂的实体，当然也处在不断运动之中。例如，生态系统中的生物与生物、生物与环境以及环境各因子之间，不停地在进行着能量的流动与物质的循环；生态系统在不断地发展和进化：生物量由少到多、食物链由简单到复杂、群落由一种类型演替为另一种类型等；环境也处在不断的变化中。因此，生态平衡不是静止的，总会因系统中某一部分先发生改变，引起不平衡，然后依靠生态系统的自我调节能力使其又进入新的平衡状态。正是这种从平衡到不平衡到又建立新的平衡的反复过程，推动了生态系统整体和各组成部分的发展与进化。

社会—经济—自然的复合生态系统包括社会经济系统和流域自然生态

系统。水体生态系统是个开放的系统，持续地将物质、信息、能量和外界环境交换，具有多种生态系统功能，例如生产、生活、提供、接收、缓冲和控制等功能。当水资源紧缺时，排放水中污染物大于输出污染物的量及水环境自身的自净能力，会导致生态停滞的情况，水环境质量变差，破坏生态。故生态平衡需要人类不能超过流域生态系统的自我调节能力对流域水资源开发利用，与此同时，应依据人与自然和谐共生的原则，使资源、人口、环境与经济协调发展。故需要制定流域生态补偿制度，健全流域综合管理规定，共建共享整个流域生态的目的才能得到实现，确保健康持续的发展流域生态环境和水资源。

二、 生态环境价值理论

生态价值，是指哲学上"价值一般"的特殊体现，在对生态环境客体满足其需要和发展过程中的经济判断、人类在处理与生态环境主客体关系上的伦理判断， 以及自然生态系统作为独立于人类主体而独立存在的系统功能判断。

生态环境价值论是一种新的价值理论，它结合了西方效用价值论和马克思劳动价值论。生态环境价值的含义是对社会产生有益影响的生态系统功能的经济价值。所以，生态环境服务是非常有意义的。由于生态产品的公共产品性质及在市场中成交成本高的属性，很难建立生态服务市场，十分不易将生态价值市场化。在《生物多样性的经济价值》一书中，英国学者皮尔斯的观点将环境资源的价值区分为两类：一类是使用价值（直接、间接使用价值与选择价值）；另一类是非使用价值（遗产与存在价值）。其中，由供砂、供水、发电及水产养殖等生态系统功能直接产生的价值被包括在直接使用价值内，它是指生态系统产生的物质产品价值；调蓄洪水、气候调节、生物栖息地、降解污染物、旅游休闲等功能间接产生的价值属于间接使用价值，在流域生态系统内提供非物质化的服务功能价值。流域生态系统服务价值是相对于人类这个主体来说的，脱离了主体就不存在任何价值，人类生态需求效用逐渐扩大并满足是其主要表现。

第四节　生态补偿的经济学理论基础

　　"公共物品属性"和"外部性"通常被用来描述在经济学领域对因环境产品特点造成市场失灵。对生态环境与利用自然资源时，用公共产品理论、外部性理论、生态资本理论来描述环境产品的特征，这些理论解释"公地悲剧"和"搭便车"现象成了主要趋势。

一、　公共物品理论

　　在经济学理论里社会产品按不同的消费特征可以分为公共物品和私人物品两种。"非竞争性"和"非排他性"是公共物品的两种特征，其中，在相应生态水平前提下，边际成本提供额外商品给消费者为零时，称为"非竞争性"，对某种商品的消费，很难把人排除在外，每个人都受益其中，不能排除某一部分人被称为"非排他性"。开放性进入资源是指具有竞争性、非排他性的一种物品。这种商品的消费具有竞争性，即其他消费者的利益会随着某一个消费者的使用而下降。出现"公地悲剧"的主要原因是开放性进入资源的经济属性。每个消费者对物品的消费会降低其他消费者的消费效果原因在于物品的竞争性；但是，对于其他消费者的消费不能使用价格或法律等途径制止，或者因排他性形成成本高也不可行，使得物品没有排他性。开放性进入资源的核心问题是资源是公共的，然而使用资源会增加个人利益，例如免费获取的渔场和牧场，最终导致"公地悲剧"。

　　不可能排除任何人对水资源的使用的原因是，水资源的使用权无法有效确定，我国现阶段的流域排污权制度还没有相匹配的排污权交易制度，尚在实践研究阶段，所以说，流域环境在中国是不排他的。从另一层面来看，竞争性体现在流域环境的水质与水量上。水资源矛盾的加深，更加凸显了水资源的缺乏，流域环境的竞争也越来越激烈。"公地悲剧"发生的根源是非排他性及竞争性物品属性的具备，开放性进入资源包括具有这些物品属性的流域环境，市场失灵会在这时出现，不能发挥市场机制的作用，有效地配置资源，"帕累托最优"[①]不会出现。

二、 外部性理论

亨利·西季威克和阿尔弗雷德·马歇尔是剑桥学派的两位奠基人，他们是最早界定外部性的学者。外部与内部经济一词在《经济学原理》中第一次被马歇尔提出，他的观点是成本（或效益）外溢的情况被称为经济外部性，假设生产某种商品的生产者或者是消费者不从事为他人生产或消费有害或有益的副作用的商品。边际私人收益与边际社会收益、边际私人成本与边际社会成本相偏离是因为这种外部因素的存在，而外部成本是指私人边际成本与社会边际成本两者之间差额。这种外部成本的存在，导致私人最优产出与社会最优产出的不匹配，而带有外部经济效应的过剩产出则扭曲了资源配置。在经济行为主体的私人成本（收益）中没有反映生产和消费行为中负（正）的生态环境效应，从而体现为在生态环境保护方面市场失去了应有的调控功能，这是导致生态环境危机的根本原因，而外部性理论则体现了这一根本原因。之后，庇古剑桥学派的另一位经济学家，福利经济学的创始人，从社会资源最优配置的层面为研究起点，在他的《福利经济学》中对外部性问题进行了深入的研究和阐述。庇古的观点是市场机制的失灵是外部性产生的根本原因，由于市场无法调节他们的行为，所以，要解决市场失灵问题需要以政府干预为主，从内部化控制污染外部成本。

正和负外部性是流域环境外部性的两类表现形式。因为过度使用流域环境，

---

① 帕累托最优：（Pareto Optimality），也称为帕累托效率，是指资源分配的一种理想状态。假定固有的一群人和可分配的资源，从一种分配现状到另一种状态的变化中，在没有使任何人境况变坏的前提下，使得至少一个人变得更好。

导致生态环境质量在流域内恶化，削弱了水资源再生能力及水环境自净能力，增加了社会边际成本，但是，有关成本没有被用户或破坏者承担，社会成本高于私人成本即是其具体表现，这些就是负外部性在流域环境上的表现。流域环境保护给社会带来的外部效益没有得到补偿是流域环境的正外部性的体现。

流域上游区域的治理、保护和污染行为会对下游区域产生影响，使得流域环境具有跨界流动性的特征。当上游流域开始控制污染时，将提升流域水环境，并且给下游带来正外部性。综上所述，非排他性也是流域环境的特性，所以，"搭便车"的情况出现时，也就是上游地区溢出的正外部性免费被下游享受，上游在这时可能会因为保护环境失去环境开发利用的机会成本。若补偿没有落实到相应的保护行为时，可能会减弱上游流域的保护行为。

从另一个角度来看，若在区域社会经济发展过程中，上游对流域环境污染或过度使用水资源，水污染物会伴随水流的流动移动到下游区域，产生负外部性，但是，关于造成污染的行为，上游没有对其承担成本，那么下游就需要为上游地区的污染或缺乏足够的供水而付出代价，从而导致水纠纷。

流域主体没有治理污染和保护环境的主动性是因为流域环境的外部性。为了提高流域环境治理者和保护者的收益，对破坏流域环境的行为惩罚，有必要在流域管理过程中引入严格的管理机制或者经济激励机制，从而使流域环境保护行为受到很好的激励。

三、 生态资本理论

根据生态资本理论，基础生态要素是生态产品与服务系统功能，同时这种产品与服务有生态效益价值。这类产品、服务与生态价值就是所谓的生态资本。[1] 生态环境系统是一种具有价值的资源，并且凭借影子价格或者是级差地租来体现其价值。[2]

---

[1] Cornes R, Sandler T. The Theory of Externalities, Public Goods and Club Goods[M]. Cambridge: Cambridge University Press, 1996.

[2] 丁丁、罗祺珊、严岩、陈绍波、宋敏：《关于建立我国生态税收体制的经济学思考》，《经济研究参考》2006 年第 33 期。

资本的表现形式之一就是生态资本，生态资本也具有资本的普遍属性，且受到市场竞争规律控制，其执行需要以市场机制为基础。在这时，生态资本必须要遵循生态规律，因为生态的一般属性也是其特征。故需要严格按照生态平衡和资本收益递减的原理来投资经营生态产品或服务。需要建立生态补偿制度，对保护和建设生态系统的人提供一定程度的生态补偿，对他们投资生态保护和增长生态资本价值的行为加以鼓励，最终达到"帕累托最优"效果，来确保生态系统服务和生态产品的供给。

四、环境经济学理论

生产力和科学技术的日益先进是以过量获取自然资源、排放废弃物为代价的，环境污染以及生态破坏的问题凸显，需要更多的时间和经济代价才可以恢复自然生态系统和消除环境污染的影响。以往，人们在这个过程中并没有处理好发展和环境保护的关系，忽视了经济发展对自然和社会的长期影响，只顾眼前的经济效应。直到 20 世纪 50 年代，在经济学与生态学中有很多专家学者再次对传统经济学局限性进行了研究，在此基础上，在经济学中纳入了环境与生态科学的内容，环境经济学应运而生。

我国环境经济学研究的开始的标志是《环境经济学和环境保护技术经济八年发展规划（1978—1985）》的颁布。对我国环境经济学的探索起促进作用的是中国环境管理学会、法学学会与经济学会，该学会自 1980 年 2 月成立，旨在推动环境法律实践，为建设环境友好型和资源节约型社会提供法律支持。在以后的几十年，我国的环境经济理论取得了巨大进步，由于大众普遍认可可持续发展理论，不断完善了环境保护及经济发展的理论系统，但环境生态问题在我国仍面临巨大挑战。从根本上说，环境经济学凭借对市场失灵进行调整，使私人和社会收益、私人和社会成本在生产和消费活动中的不对等从源头上消除，在合理的经济法律刺激下，市场经济中各种经济主体可以对自己破坏环境的行为予以纠正。在环境经济学专家看来，人类不喜欢环境并不是其破坏环境的原因，从环境中获取经济利益才是根本原因。故此，若破坏环境的因素在经济发展中不被解决，环境保护将难以开展。总之，在环境经济学家看来，一切环境问题本质上都是经济问题，一切破坏环境的行为都是由经济利益驱动的。所以，若破坏环境的推动力即经济利益不被消除，环境保护将难以看到成效。同时，环境问题的制度根源是更广泛或长期的环境破坏，一般都有经济体制原因。凭借分析利益主体，把这种动力产生的根本原因找到，使包含在内的手段对预期收益进行调整，使环境问题彻底解决是研究环境经济学的关键目标。

环境物品的非竞争性与非排他性、外部性、经济激励机制是环境经济学研究的主要内容。

（一）环境物品的非竞争性和非排他性

在公共经济学理论里，社会产品包括私人产品和公共产品，典型的公共物品即为环境资源。公共物品的特点是非竞争性与非排他性，同时人类/消费者不承担任何成本而消费或使用公共物品，从而产生"搭便车"现象。要获取个人利益，人类会从公共物品中寻求利益最大化，并且由于生态环境产品产权界定不清晰，如果缺乏激励机制或强有力的制度道德约束，作为经纪人的市场主体，个体理性与集体理性之间的矛盾会使市场主体从利己主义出发，追求自己的利益最大化，从而生态环境产品被过度利用，陷入"公地悲剧"。如果认为环境资源使用自由，每个人都会追求自己的最大利益，必然会导致资源浪费和过度使用，那么"毁灭是所有人奔向的目的地"。

（二）环境物品的外部性

环境经济学认为，由"成本外溢"引起的外部不经济是环境问题的根本原因，如污水排放的负面影响，但它并没有承担相应的成本和负面影响，导致所带来的负面影响不考虑市场交易价格体系，私人成本与社会成本相比较低。外部性的原因使竞争企业追求最大利益的方式而不会主动让资源配置最优化，最大化社会福利不会实现，最终会最大化个体福利。虽然成本与收益间的差别可以互相作用，但"市场失灵"往往在未落实补偿时出现。当人们意识到生态环境的重要性，由于环境保护成本增加而引起的环境效益不能向企业的个人收益变换，只能向社会转移，就会出现"收益外溢"的情况，社会成本低于个人成本，使社会效益高于个人效益。经纪人将根据成本和收益来判断交易进行与否。在交易成本出现在环境公共物品中的情况下，需要付出的交易成本与取得的收益是人类是否选择进行交易的基础。当人们预估当净收入与交易成本相比较大时，有发生交易的可能性；若相比较小，发生交易的可能性不存在。

（三）经济激励机制

根据环境经济学，由于环境的特殊性，环境管理还必须结合行政、教育和法律方法，利用经济手段，将发展与生态环境、污染的人和被污染的人相互关系进行协调，使经济主体和个人在国家环境保护的政策及保持生态系统平衡的标准下进行生产和消费活动。目前，常用的经济手段有税收、排污费、生态保护修复的财政补贴、奖励废弃物综合利用和将财政补贴及优惠贷款等供应给废弃物处理设施，如垃圾填埋场、污水处理厂等。

第五节　生态补偿的博弈论

博弈论也可以说是对策论，以决策者的行为直接相互作用时采取的决策及其均衡问题为主要研究对象，简言之，在其他主体影响主体的选择时，其他决策者的选择决策和均衡也会受到该决策者的作用。博弈论在建模被高效利用的国家中的所有领域广为使用。在环境研究方面，利益相关者之间的均衡问题是解决环境问题的关键，在环境问题中运用博弈论，对分析环境利益相关者间关系有益处，促使建模与决策环境项目的完成。[1]

---

[1] Ray I. Game theory and the environment: old models, new solution concepts[M]. In: Sahu N C, Cloudhury A K. Dimensions of Environmental and Ecological Economics. Hyderabad: Universities Press （India） Private Limited, 2005.

一、 博弈论的一般理论

行动、参加者、战略、信息、结果、支付、平衡是博弈论的基本概念，在这些概念中，描述博弈所需的最小要素是参与人、策略和支付函数。

博弈按不同的基准可以划分为不同的类型，主要有以下三种。

（一）非合作及合作博弈

约束力的协议是区分非合作及合作博弈的重要标志，合作博弈是两者中存在这种协议，非合作博弈则不存在。

（二）静态和动态博弈

静态博弈和动态博弈是依据行为的时间序列进行分类的。在博弈中，参与人同时或非同时选择，但后行动者不知道第一个行动者实施的具体行动的情况叫作静态博弈；参与者在互相博弈时其行动存在一定的顺序排列，第一个行动者实施的行动会被后行动的人观察的博弈被称为动态博弈。[1]简而言之，静态博弈是带有同步决策的囚徒困境；动态博弈是具有一系列决策或行动的纸牌与象棋游戏。

（三）不完全信息及完全信息博弈

不完全信息及完全信息博弈是根据博弈参与者之间的互相理解区分的。作为一个理性决策的参与者，会使用某种方法分配一个数值给他想要的、可能的所有结果，这样他就会一直选择其期望最大的效用。在博弈规则的基础上来对均衡进行预测是博弈分析的目标。[2]可是参与者之间不可能是互相完全了解的，故完全信息博弈是所有参与博弈的人完全获悉其他参与者在不同条件下支付函数的博弈，不完全信息博弈的情况则相反。总之，每个博弈者对其他博弈者的特征、收益函数及策略空间有准确的信息就是完全博弈。在博弈过程中，信息不够准确或信息对各个博弈参与人的

---

① 朱秀华：《社会主义经济学的发展：引入博弈论》，《江海学刊》1999 年第 3 期。

② Alvin E. Roth. Game-theoretic Models of Bargaining[M]. New York: Cambridge University Press, 1985.

特点、收益函数、策略空间不确定的博弈被称作不完全信息博弈。

现阶段，非合作博弈论理论上比较完整，所以相比合作博弈论来更加简单，基于此，经济学家们大多把非合作博弈作为博弈论的研究对象。可以把非合作博弈分为四种，包括完全信息静态博弈，完全信息动态博弈，不完全信息静态博弈，不完全信息动态博弈。精炼贝叶斯纳什均衡（perfect Bayesian Nash equilibrium），贝叶斯纳什均衡（Bayesian Nash equilibrium），子博弈精炼纳什均衡（subgame perfect Nash equilibrium），纳什均衡（Nash equilibrium）是与这四种博弈相对应的均衡概念。除了上述类别外，博弈论还有许多类别，如无限博弈和有限博弈，这是依据博弈的数量或博弈的持续时间进行分类的；展开型和一般型（战略型）是依据表现形式进行分类的。

在流域生态系统中，流域从自然特征层面上是一个上下游水体密切相关、互相联系的动态有机整体。流域在经济学中可以理解为是对人类发展至关重要的资源，自然属性和外部性都是其特征。在使用流域生态系统时，很难准确区分流域水资源的生态产权，若上游地区为获取最大的经济利益对流域资源环境开发利用毫无节制，出现污染及破坏环境的行为，中下游地区不得不承担额外治理污染及保护生态的成本，负的外部性因此形成；若上游将发展经济和保护生态环境一起兼顾，那么正的环境外部性就会被下游地区免费享受。故上下游地区基于外部性的考虑在很大程度上会因追求自身经济利益产生过度开发和"搭便车"的结果。客观来说，全流域系统的最佳状态会因为这种倾向而偏离，出现上下游仅使用但不保护的情况。如果这种情况持续下去，流域生态环境建设将陷入"囚徒困境"。

博弈论的两个著名的公共选择分析模型是"公地悲剧"模型和"囚徒困境"博弈模型，它们本质上是相同的，换句话说，所有博弈参与者的"个人理性"及博弈结果的"集体非理性"都被包含在内。[①] 流域环境是有"囚徒困境""集体非理性"及"公地悲剧"等现象的公共物品，故分析和解释流域环境问题的成因可以利用博弈论的相关模型，这些模型也可以为解

---

① Owen G. Game Theory[M]. New York: Academic Press, 1982. 2.4.

决流域问题提供理论分析的基础。

二、 流域生态补偿博弈

（一）污染博弈

在市场经济中，企业会追求自身利润最大化。如果环境被污染，政府不进行监管，不理性的企业很可能会选择利润最大化的方法，甚至会以牺牲环境为代价去获取利益。按照市场原理，所有企业无论在什么环境下，都会遵循自身利益原则，利润最大化策略最终会导致"纳什均衡"状态。个别有很强环保意识的企业，不再只一味地选择利己，在发展的过程中同时投资治理污染，而其他不顾环境追求最大个人利益的企业不发生改变，那么改变的这个企业的产品竞争力就会减小，甚至企业还要面临破产的危险。因为企业在污染控制上投入，就会增加生产成本，导致价格上涨，产品最终就会失去竞争优势。如20世纪90年代中期，环境污染是因为中国乡镇企业只关注发展忽略污染。失败例子之一就是"有效的看不见的手的完全竞争机制"，需要使所有企业都意识到环境的重要性，在发展的过程中同时投资治理污染，保护环境，产品的竞争力才不会减小，才可以获得与高污染同样的利润。那么就需要政府加强污染管制，让企业选择采取低污染的策略组合。

（二）利益博弈

生态补偿是生态系统服务的保护者通过制定完善环境管理制度，对其保护成本和机会成本进行补偿，以调整利益相关者之间的环境利益与经济利益分配，完成保护和改善生态系统服务功能这一目标。流域生态补偿涉及的各个利益相关者可能并不是固定不变的个体，流域不同性质、不同层次、不同阶段的主体都会被涉及，根据自己的利益需求和地位身份不同的主体选择利己的最合适的策略，持续博弈有可能发生在一些性质相同、水平相近、利益相关的人与其他利益者之间，目的是为自己追求最大的利益或是实现平衡。并且任何一个主体的行为都可能会影响到其他所有的主体，所有利益相关者的行动策略和所获得的利益都会对彼此产生影响，例如，中下游各利益相关者的行动策略和获取的生态利益在上游提供生态服务的过程中是相互影响制约的，上游与中下游也会彼此影响。综上所述，发生在流域相关利益者间的博弈被理解为生态补偿。

进行流域生态补偿的过程中，上下游之间要利用"囚徒困境"，在保护流域生态环境的同时利益最大化，必须要达到四个条件：首先，上、中、下游必须认识到他们有共同利益，这是利益相关者合作的前提。其次，流域内所涉及的各级政府之间要进行沟通和信息共享。流域内省际之间及各级政府之间的信息受到行政区域的限制，通常是封闭和独立的，在这种情况下，开展治理保护整个大流域的工作变得非常困难，不利于流域的环境保护与治理。互联网的发展为上、中、下游省份之间信息共享提供了可能，为建立信息共享机制带来了便利。再次，上、中、下游各利益相关主体间需要沟通交流的平等机会。也许保护全流域生态需要流域内各部分的团结合作这一点已经被一些主体所认识，然而由于协商机会的缺失，虽然有交流的倾向，但彼此之间关于如何落实流域生态环境保护这一方面很难形成一致意见。最后，要有健全的、不断完善的法律法规作为流域生态补偿实践的保障。合作对流域生态环境进行保护与改善，通过流域内各管理机构的协商一致，但是真正落实会出现很多的细节问题，这都需要完善的法律法规保障，保证达成的协议不是一纸空文，而是真正的执行落实。

三、流域水资源环境与生态补偿博弈困境

河流水系的流动性和连续性以及流域与行政区域间的不吻合甚至相互分割等特点，导致上下游各利益相关主体在生态保护、流域治理以及流域水资源开发利用中，存在着成本与收益不对等，他们之间存在相互转移的问题。如果上游地区过度使用利用水资源以寻求自身最大经济利益，那么流域环境就会遭到破坏，甚至影响下游工业用水与居民生活用水，导致成本转移到下游地区，带来负的外部性。如果上游地区通过退耕还林等手段使流域生态环境受到有效保护，明显改善水质与生态环境，那么下游地区不付费也可以享用到优质的水资源，享受到生态环境改善带来的正的外部

性。但是上游的环境保护者无法通过市场得到经济效益的提高和相应的补偿，这就出现了"上游地区投入，中下游地区受益"的"搭便车"现象。由于上游地区的成本是大于收益的，进而会导致上游地区对这种"公益事业"投资的意愿下降、降低上游的参与积极性。恰是因为上下游之间的这种博弈，生态环境保护会陷入困境，导致整个流域的利益偏离最优状态。长此以往，流域内各行政区域之间、各主体之间用水竞争激烈，容易引起水事纠纷。

20世纪90年代末，我国部分生态功能区、流域源头地区和欠发达地区的流域水环境治理领域引入生态补偿机制。随着环境问题的凸显，国家对生态补偿越来越重视，其应用领域越来越广泛。2013年，国务院将生态补偿的领域扩大到流域和水资源、饮用水水源保护、重点生态功能区等十大领域。实施时在资金以及补偿标准方面仍然存在不少问题：第一，政府间横向财政转移支付难以兑现。受到现行财政体制的制约，下游政府为了自身利益，往往会以其已向国家缴税为由拒绝或减少对上游政府进行生态补偿。第二，没有确定生态补偿标准的明确规定，流域上下游地区的政府就生态补偿额度难以达成共识。我国尚未形成完善的生态补偿核算方法体系，导致存在补偿不科学、不合理、不公平的现象，各利益相关主体就生态补偿额度难以达成共识，进而影响生态补偿机制的顺利进行。

（一）流域生态补偿博弈模型的构建

我国的生态补偿大多是自愿进行，因为上下游利益相关主体存在自己资源环境与经济社会的预期目标，因此在利益上他们有矛盾冲突，但现有的法律法规中未对生态补偿的主体进行明确界定，使得上下游政府之间具有典型的博弈特征。政府往往被视为利益相关主体的地区代表，所以上下游政府应是博弈模型的主体，为了便于研究，假定如下：

1. 基本假设

每条河流都有各自的流域，根据水系等级将大流域分为若干个小流域，并且一般可以根据河流或流域特征的不同将流域进行分段，划分为上、中、下游。为了便于理解分析，本书假设将某流域分为上、下游两个区域，且上下游分界点明确。假设流域上下游政府均为"经纪人",都是理性主体。假设由于地区经济社会发展的需要,下游政府对优质水资源的需求强烈,这将限制上游地区经济的发展,所以下游为了自身发展以及保护流域水环境向上游支付一定的费用作为补偿。

2. 变量设定

在流域生态补偿这场博弈中,在策略上,保护或不保护是上游政府的两种决定;补偿或不补偿则是下游政府的两种决定。显而易见,上下游选择的策略不同,所得的收益自然不同。在本书中,变量设定如下:

在上游选择不保护的情况下,将上游收益设为 B,即为上游地区到的原有收益;下游获得的收益设定为 b,即为下游地区的原有收益。当上游选择保护时,保护给上游带来的收益设定为 B 内,即为上游因流域环境改善而获得的收益;当上游决定采用保护策略时,下游可获得的外溢设定为 b 外,即为上游保护行为的正外部收益。上游地区因保护而丧失的机会成本以及保护的直接成本设定为 C,即为上游地区选择保护需要扣除的部分。如果下游对上游进行生态补偿补偿费用设定为 c,即为生态补偿中下游支付给上游的费用。

3. 生态补偿博弈模型

流域生态补偿是为了在保护流域生态环境的基础上,使区域环境获取最大收益。假定流域上下游政府对对方的策略空间和各自的受益函数都完全了解,则可以看出流域上下游政府生态补偿博弈为完全信息下的静态非合作博弈。根据变量的设定,计算出上下游政府博弈双方的收益函数后,可以建立博弈的成本收益矩阵,表1-1描述了具体收益。可以看出,当上游政府采取"保护"策略并且下游政府选择"补偿"时,上游的收益是 $B+B_内 - C+c$, $b+b_外 - c$ 是下游的收益;当上游政府采取"保护"策略并且下游政府选择"不补偿"时,$B+B_内 - C$ 为上游的收益,$b+b$ 外是下游的收益;当上游政府采取"不保护"策略并且下游政府选择"补偿"时,上游的收益为 $B+c$,下游的收益为 $b - c$;当上游政府采取"不保护"策略并且下游政府选择"不补偿"时,上游的收益是 B,b 是下游的收益。

表 1-1　流域上下游政府生态补偿的博弈模型矩阵

项目		下游政府	
		补偿	不补偿
上游政府	保护	（B+B$_内$-C+c，b+b$_外$-c）	（B+B$_内$-C，b+b$_外$）
	不保护	（B+c，b-c）	（B，b）

（二）流域上下游政府生态补偿博弈分析

从博弈的成本收益矩阵可以看出，当上游政府采取的是"保护"策略时，下游政府决定使用"补偿"的收益（b+b$_外$－c）低于选择"不补偿"策略的收益（b+b$_外$）；当上游政府采取"不保护"策略时，下游政府选择"补偿"的收益（b－c）同样是低于选择"不补偿"的收益（b）。所以，从下游的最大收益出发，无论上游政府采取的是"保护"还是"不保护"策略，下游政府为取得最大化利益会选择"不补偿"。上游政府在下游政府选择"不补偿"策略的情况下，其实施的策略会对下游的收益产生影响，下游在上游政府选择"保护"策略时的收益是（b+b$_外$），而上游选择"不保护"策略时的收益是（b+b$_外$－c），两者相比前者较高。综合考虑四种情况，下游想使收益最大（b+b$_外$），上游政府需要采取"保护"策略，而下游政府需要采取"不补偿"策略。这种情况下，下游选择"搭便车"，在不支付上游补偿费用的同时又可以获得上游政府选择保护而产生的溢出外部正效应。而当上游采取"不保护"策略时，下游就根本没有缴纳补偿费用的必要，因此，上游"不补偿"对下游政府来说优势最多的。

考虑上游的观点，流域下游政府选择"补偿"时的收益大于下游选择"不补偿"时的收益（c＞0）。然而，当下游决定选择"补偿"或"不补偿"策略时，（B$_内$－C）的差值是决定上游采取"保护"或"不保护"策略收益差的关键因素。

当 B$_内$－C＞0，即上游政府采取"保护"策略所得收益高于需要的直接与机会成本的总和。具体而言，当下游选择"补偿"策略时，上游选择"保护"策略的收益是（$B+B_内-C+c$），但是其采取"不保护"策略的收益是（$B+c$），两者相比前者高；流域下游选择"不补偿"策略的情况下，上游在选择"保护"策略时，其收益为（$B+B_内-C$），该收益高于选择"不保护"策略的收益（B）。也就是说，当 $B_内-C>0$ 时，无论下游选择的策略是什么，上游采取"保护"策略都会产生正效益，此时上游为追求最大利益会采取"保护"策略。总之，上游采取"保护"策略而下游采取"不补偿"策略的情况下，流域收益最大，所以可以得出，此时生态补偿博弈模型的解为（$B+B_内-C,b+b_外$）。这是由于上游采取"保护"策略的成本低于其收益，上游从追求高利益出发，可以不计较下游是否为由于水质改善获得的收益付费，因此流域生态环境会不断改善，形成良性循环状态。

在实践中，$B_内-C>0$ 的情况较少见，即上游采取"保护"策略时，收益大于成本的情况较少见。因为采取"保护"策略的机会成本，即开发利用流域环境产生的收益往往大于因保护环境而产生的内生收益。当 $B_内-C<0$ 时，上游政府采取"不保护"策略的收益要大于采取"保护"策略的收益。因为当下游选择"补偿"时，上游政府采取"不保护"策略的收益（$B+c$）相比于选择"保护"策略的收益（$B+B_内-C+c$）要高；当下游选择"不补偿"时，上游政府采取"不保护"策略的收益（B）要高于采取"保护"策略的收益（$B+B_内-C$）。因此上游政府为了追求最大利益，会采取"不保护"策略。那么可以得出，此时生态补偿博弈模型的解为（B,b），即上游采取"不保护"，下游选择"不补偿"。这种情况下，上游没有保护的积极性，下游没有补偿的必要，会形成恶性循环状态，导致流域水资源过度利用，水质降低，破坏流域生态环境。从而生态补偿博弈就陷入了"囚徒困境"。

博弈收益矩阵显示，流域上游政府是否采取"保护"策略与下游是否补偿并没有决定性关系，主要是受其改善水环境质量的成本收益（$B_内-C$ 的值是否大于 0）影响。并且对于全流域，收益不会因生态补偿而改变，原因是流域上下游地区间的水平财政转移才可理解为补偿。现实中，生态补偿为了不陷入"囚徒困境",导致流域生态环境形成恶性循环,上一级政府应该以保护流域整体环境为目的对上游进行补偿激励其采取"保护"策略。这是一种经济激励手段,属于流域生态补偿中的纵向财政转移支付。上一级政府的补偿金额将会改变上下游生态补偿的收益矩阵,以此摆脱"囚徒困境"。

设国家对上游进行补偿的金额为 c',上游政府采取"保护"策略的收益为 $B+B_内-C+c+c'$(下游选择"补偿策略时")或 $B+B_内-C+c'$(下游选择"不补偿"策略时)。只要上一级政府生态补偿收益与上游政府选择"保护"策略收益之和高于上游政府选择"保护"策略的成本,即 $B_内+c'>C$ 时,所以下游地区采取何种策略,上游地区均会选择"保护"策略。并且,下游在选择策略时,要考虑的是补偿金额与上游溢出正外部性的大小。只有当下游的发展需要向上游购买资源使用权,才会考虑是否对上游进行补偿。只有当补偿金额低于或等于下游所获得上游溢出正外部效益时,即 $c \leqslant b$ 时,才会选择"补偿"策略。双方需要签署有约束力的协议来规范博弈双方的行为,保证生态补偿有序进行,流域生态环境进入良性循环,如图1-1所示。

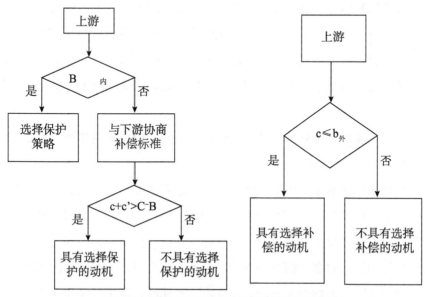

图1-1　上游政府和下游政府策略选择示意图

四、流域生态补偿博弈期望

生态补偿是流域内协调用水关系、平衡用水利益的有效手段。在实践中存在着一些困境，如难以确定合理的生态补偿标准、保护和补偿成效不显著等问题。考虑流域整体生态环境，根据生态补偿博弈分析结果可知：完善流域生态补偿机制应根据流域实际情况，把国家、地方政府单独或一起确定为补偿主体；应按照上游付出的保护成本以及下游由流域生态环境改善而额外获得的收益来确定补偿标准；流域地方政府间应签署具有约束力的协议规范政府的保护及补偿措施。这才会逐渐完善生态补偿法律法规体系，推进我国流域生态补偿制度的顺利实施。

（一）流域生态补偿主体应为国家和地方政府

博弈结果显示，在上游政府选择"保护"策略的收益小于需要的直接成本和机会成本的总和的情景下，无论下游政府选择的策略是什么，上游政府采取"不保护"策略的收益要大于采取"保护"策略的收益，上游政府便会采取"不保护"策略，从而导致流域水资源利用成为恶性循环。因此，从流域整体生态环境和国家生态环境安全的角度出发，国家应该对流域上游政府进行纵向财政转移支付以激励其选择"保护"策略。综合来说，在这种情况下，需要通过上一级政府的财政纵向转移支付和地方政府横向财政转移支付相结合，共同进行生态补偿，以此避免流域上下游生态补偿陷入"囚徒困境"。

（二）流域生态补偿标准的确定应以上游政府保护成本和下游政府收益为参照

补偿金的金额是否恰当，对生态补偿是否能够实施以及实施效果都有影响，往往在确定补偿金额的时候，流域内上下游政府间存在较大的争议。上游政府考虑自身的利益得失，要弥补其采取"保护"行为付出的成本，希望获得的补偿较多，如果补偿标准较低，则会降低上游政府的保护积极性。而下游政府考虑自身的收益与支出，要使收益高于其补偿金额，预期支付的补偿不多，若补偿标准与其从"保护"策略中获取的利益相比较高时，那么会使下游地区补偿的主动性被减弱。根据博弈分析结果，应根据上游政府因保护所得收益和付出的成本的核算结果来确定对其的补偿标准；上游选择"保护"策略使得下游因此得到的利益应该作为下游需付出补偿的金额的标准。确定补偿标准后，若下游的支付金额不低于上游的补偿标准，那么地方政府之间达成一致；反之，若高于则需要上一级政府进行纵向财政转移支付，以填补超出部分的补偿。

（三）流域地方政府之间应签署具有约束力的生态补偿协议

在具体实践中，上游地区的保护成本往往是大于其自身收益，根据博弈分析结果，在这种情形下，如果没有关于保护或补偿方面约束，上游会选择"不保护"，进而形成恶性循环。目前，国家通过规定水质要求、界定水功能区等明确地方政府的环境使用权限。当下游的发展对水资源的需求较高，需要在目前上游出境达标水质的基础上，生态补偿就会产生。若上游来水超标，可依据法律进行索赔或要求其治理；但若上游政府并未超过自己资源环境使用权限，又未达到下游地区发展对水资源需求时，就需要利益相关主体之间签订有约束力的协议，以规范主体行为。所以，流域地方政府对流域保护及补偿主体进行界定后，应签订生态补偿协议，对流域间政府的保护与补偿行为加以规范，将各自由于自己的违约行为所需付出的代价加以明确，以达到保护流域生态环境、协调流域内用水关系的目的。

（四）完善生态补偿法律法规体系建设

目前，我国法律法规对生态补偿的规定过于分散和原则，流域生态补偿在落实过程中仍然存在很多难题，难以实施。尽管地方出台了地方层面的相关文件，但大多属于规范性文件，其法律效力难以体现。保护环境主要的经济手段是生态补偿，国家对生态补偿越来越重视，现行的环境保护基本法已对生态补偿制度进行了界定，现阶段应颁布有关的单行法律法规，建设完善的生态补偿法规，进行有效生态补偿，需要使生态补偿系统化、法制化。

第二章　中国流域生态及其治理现状

在当今社会，面对生态环境危机问题，对流域环境的保护和流域污染的防治已成为环境保护的重要组成部分。世界各国政府及公众高度关注生态环境恶化的问题，加入保护生态环境、恢复和重建生态系统大军中的国家越来越多。为了我国生态平衡和流域经济的健康可持续发展目标的实现，近十年来，研究学者从不同的专业研究角度，对我国大中小流域的环境保护和经济发展现状以及不同类型生态补偿机制实践进行了系统而深入的研究与探讨。

第一节　中国流域概况

中国流域，包括长江、黄河、珠江、淮河、海河、辽河和松花江七大流域，以及西南诸河、西北诸河、浙闽片河流。其中，七大流域总面积约509.8万平方公里，共涉及30个省（区、市），287个市（区、州、盟），2426个县（市、区、旗）。

一、黄河流域

在中国，仅次于长江的第二大河是黄河，巴颜喀拉山北麓是其发源地，流经青、川、甘、宁、内蒙古、晋、陕、豫、鲁等9省（区），在山东东营市垦利区注入渤海，干流河道约长5464公里。79.5万平方公里是黄河的流域面积（其中流区4.2万平方公里），在流域内，土地总面积是11.9亿亩（含内流区），占全国国土面积的8.3%。黄河流域大部分地处我国中西部地区，经济社会发展相对滞后，青藏高原生态屏障、黄土高原川滇生态屏障、北方防沙带分布在该流域内，有利于推动我国"两屏三带"生态安全战略格局。

二、长江流域

世界第三大河、中国第一大河长江，发源于唐古拉山主峰各拉丹冬雪山西南侧，青海省、四川省、西藏、云南省、重庆市、湖北省、湖南省、江西省、安徽省、江苏省、上海市等11个省（自治区、直辖市）是其流经的地区，于崇明岛以东注入东海。流域面积约180万平方公里，流域内自然资源丰富。其中，嘉陵江是长江上游支流，发源于秦岭北麓凤县代王山，因流经陕西凤县东北嘉陵谷而得名。干流流经陕西、甘肃、四川以及重庆四省市共40个区县，于重庆市朝天门与长江汇合。其全长1345公里，流域面积约16万平方公里，流量仅次于岷江，是长江各支流中流域面积是最广的，渠江、八渡河、白龙江、西汉水、涪江等是其主要的支流。长度仅次于雅砻江。长江流域横跨我国西南、华中和华东三大区，是我国重要的经济带之一，流域内形成了长江三角洲、长江中游、成渝、江淮、滇中和黔中城市群，聚集地级以上城市50多个。

三、珠江流域

中国流量第二大与境内第三长河流是珠江，东江、珠江三角洲、西江和北江等共同构成了珠江，其中西江是最大干流，全长2214公里，思贤滘以上流域面积 35.31 万平方公里。流域面积大约是 45.37 万平方公里，在中国境内面积大约是 44.21 万平方公里。发源于云贵高原乌蒙山系马雄山，流经江西、广西、贵州、湖南、广东、云南六省（自治区）和香港、澳门特别行政区和越南东北部。

四、松花江流域

松花江流域位于中国东北部，大兴安岭为西部界线，小兴安岭为东北部界线，完达山脉、老爷岭、张广才岭、长白山等为东部、东南部界线，松花江和辽河两总流域面积大约是 56.12 万平方公里，其分水岭是西南部的丘陵地带。松花江流经内蒙古、吉林、黑龙江、辽宁四省区，全长 1927 公里。松花江有南北两源，于吉林省三岔河镇汇合后流向东北方，至同江市注入黑龙江。南源为发源于长白山天池的西流松花江，流域面积 7.82 万平方公里；北源为发源于大兴安岭伊勒呼里山的嫩江，流域面积 28.3 万平方公里。

五、淮河流域

淮河流域位于中国东部，位于长江和黄河流域间。流域跨鄂、豫、皖、鲁、苏五省 40 个地（市），东西约长 700 公里，南北平均约宽 400 公里，27 万平方公里是其面积。废黄河是淮河流域的分水岭，有 19 万平方公里面积的淮河与面积为 8 万平方公里沂沭泗河两大水系。淮河发源于河南省桐柏山，全长 1000 公里，总落差 200 米。淮河显著特点是支流南北很不对称，北岸支流多而长，流经黄淮平原；南岸支流少而短，流经山地、丘陵，极易成涝。

六、海河流域

海河流域包括天津、北京、山东、辽宁、河北、河南、山西、内蒙古等 8 个省（自治区、直辖市），面积 31.82 万平方公里。全流域总体地形为西北高、东南低，山西高原和太行山区在西部，燕山山区及蒙古高原在其北部，18.94 万平方公里是面积；平原在东部及东南部，面积是 12.84 万平方公里。流域包括海河、滦河和徒骇马颊河三大水系。其中，以海河水系为主，海河又称沽河，其原因是北运河、子牙河、大清河、永定河、南运河是其组成部分，自北、西、南汇合进入天津，之后再向东在大沽口处进入渤海。滦河与冀东沿海的各条河流是滦河水系的组成部分；最南处是徒骇马颊河水系，是单独入海的平原河道。

七、辽河流域

辽河位于我国东北地区，由辽河水系、大辽河水系两大水系共同构成，总流域面积大约21.9万平方公里，在这中间35.7%是山地，23.5%是丘陵，34.5%是平原，6.3%是沙丘。河北省承德市平泉区七老图山脉的光头山是中国七大河流之一的辽河的发源地，流经冀、内蒙古、吉、辽4个省（自治区），流入渤海。辽河干流东侧为石质山区，植被较好，雨量较丰，加上浑河、太子河水系面积一共是5.26万平方公里，仅仅占全流域的24%左右，但年径流量大约是全流域径流总量的70%；在干流的西部有许多黄土沙丘。中下游地区经济发达，有沈阳、抚顺、鞍山等重要工业城市。

第二节 流域系统的功能

流域是指由分水线所包围的河流集水区，是一个水文过程单位。流域水资源与水有关的自然生态系统及经济社会甚至人文法规之间都有紧密的关联，所以流域不仅是一个水文单位，还是一个具有一定结构和功能、相对独立完整的自然经济系统。

一、流域生态系统服务功能

生态系统服务功能是指江河流域生态系统与生态过程所形成及维持人

类赖以生存的自然环境条件与效用。生态服务功能与区位、自然环境、水土保持、土地利用、社会经济发展等密切相关，通常把这些因素的相关数据作为生态系统服务功能评价的主要信息，使用层次分析法确定各个评价因子的权重，以此得出结果，并对流域进行生态系统服务功能进行评价。

河流是流域水资源的主体，处于河流经过与作用地区的水资源是其所指。水资源作为一种不可替代的自然资源，是制约经济、社会、工业全面布局发展和提高人民生活水平的重要因素之一。不同产业对水生态环境有不同的需求和影响。随着全球生态环境的逐渐恶化，局部水资源环境状况急转直下。全球变暖导致的降水量变少、资源过度消耗和海洋污染，导致饮用水资源逐渐减少，再加上一些水资源的环境污染不断发生，水资源生态链中的一个或多个环境遭到破坏，导致目前水资源的生态状况恶化。世界一直面临着许多严峻挑战，包括水资源短缺、水污染、水环境破坏等。由于人口、经济与社会的迅猛发展，原生态水流域自然环境负担已远远超过其承载能力，在优先考虑各方经济利益的前提下，生态链中的修复能力不足，如果不及时修复或补偿就会失去。原始恢复能力是一种还原生态负荷的能力，具体来说，为了维持自身生存在外界干扰生态系统时，生态系统会表现出自动调整和减轻干扰的能力，这是因人类经济社会活动使生态遭到破坏时自然生态系统的缓冲和补偿能力。

二、流域的经济发展功能

流域经济子系统是流域系统研究中的核心。流域经济是以流域为空间单元划分的一种经济类型，基础与联系是沿岸的水陆交通物流体系，支点和先导是沿岸沿线城市经济，它的责任是促进全面发展沿岸沿线经济。系统性、综合性、地域性、可度量性及客观性等区域经济的普遍属性与水资源特点的特别属性都是流域经济所具有的。流域的经济发展功能主要表现为以下四方面：

（一）流域内要素的互补及流动受流域经济发展影响具有合作基础

很多地区都有河流经过，往往流域内各地区的自然资源本身、社会经济发展等方面会存在较大的差异，如果流域内要素互补性强，那么促进要素流动，会成为流域经济发展的长处。例如，长江、黄河、珠江流经中国东西部地区，上下游在要素上具有很强的互补性。上游都在西部地区，经济落后，市场化程度较低，缺乏人才、资金、技术等资源要素。但发展也具有优势，幅员辽阔，该地区和 14 个国家接壤，面积占全国总面积的 57% 以上；我国有十分丰富的自然资源，大部分自然矿产资源集中在这些地区，具备开发条件。而下游位于经济较发达的东部，经济发展较早，人才、资金、技术有很大的优势。目前需要解决在大范围内调整产业结构时将一些产业转移至其他地区的困境。

由此，加快流域内各地区协同合作，推动流域经济整体发展，对横向联系流域上下游的资源、技术、资金与产业起推动作用，各地区的相对优势可以有效发挥，资源配置更加合理，流域产业结构与布局得以优化，促进经济在流域内协调发展，提升流域整体综合实力。

（二）流域经济的发展能够较好地发挥中心城市的辐射带动作用

长江流域沿江港口城市的发展，目前已显示出辐射带动作用。长江是我国外联世界的交通大动脉，是横贯东、中、西三大地带的产业轴线。长江干流上有许多港口，并且范围分布广、跨度大，对经济横向关联流域内各地有很好的推动作用，在沟通东中西部，促进经济增长空间从沿海向沿江内陆拓展中具有重要作用。其中，下游的上海港是长江流域同世界各国交流的桥头堡。这些沿海沿港城市具有明显的区位优势，它们发挥着比较优势，辐射先进的科技、管理经验到经济腹地与附近地区，对发展全流域的经济有引导作用。

如今，在经济的带动作用方面，三大港口城市上海、武汉、重庆表现突出，以上海、武汉、重庆为增长极的长江流域三大经济圈形成。长江经济带的成功实践表明，可以把流域经济带作为东西合作的一个重要模式加以推广。推广的时候，要发挥中心城市的辐射带动作用，要促进流域内从"区划经济"向"区域经济"转变，要深化流域内各级地方政府的沟通，加强统筹规划建设，减少出现同质化竞争。应努力促进中心城市向周边地区地区及经济腹地转移资金、技术、人才和产业，为了沟通企业跨区域合作，加速发展中西部地区经济，在产业布局中引入合理分工是较好的手段，推动共同发展东西部经济的目的实现。

（三）对国民经济长期快速可持续发展有促进作用

随着经济的快速发展，一直以来的"高投入、高消耗、高排放、低效率"的粗放式增长，使环境和生态遭受了沉重的打击。三大流域的下游地区是我国经济发达的东部沿海地区，上游地区是经济发展相对落后的西部地区，但是中西部地区自然资源丰富。

流域内所有区域在整合流域生态空间及协同治理环境方面联系密切，其中河流起关键作用。若环境的任何一部分发生改变，会对本地区甚至其他地区的发展产生影响。以中国为例，生态环境比较脆弱的区域是在上游的西部地区，下游的经济发展与居民生活一定会受不同地区恶化的生态环境影响，如长江及黄河源头、黄土高原等。物质和精神服务，如生命支持、生态调节、产品供给和审美休闲等可以通过健康稳定的生态空间不断地向人类输出。要真正推动流域高质量发展，必须形成上下游、干支流、左右岸形成生态保护联动、环境治理协调的局面。

（四）促进战略性调整产业结构及合理配置生产力

流域东中西部各地区在地理区位、资源禀赋、社会条件等方面都存在较大的差异，各有所长，各有所短。东部地区经济基础好，建设管理都更加成熟，在社会资源（包括人才、资金、技术、信息等）、工业基础和服务业基础等方面存在比较优势，但自然资源相对匮乏，劳动力价格相对较高。中西部地区自然资源丰富，中西部一些重点城市工业基础较强，但无形资源相对较弱。有些地区由于经济基础较差，难以吸引人才、企业，发展缓慢。

彼此之间要素的差异性和互补性为流域内各地区的经济合作提供了基础。各地区根据自己的发展条件，与流域内其他地区分工协作，形成整体优势，为产业合理分工与协调互补布局发展提供可能。位于我国东部的流域下游地区经济较发达，经济总量达到一定规模后，能源、原材料、劳动力难以满足，因经济深入发展而扩大需求，在经济结构调整的压力下，原先支持这些地区发展的劳动密集型加工业也转移和扩散到周边地区。而位于我国中西部地区的流域上游，经济较落后，但自然资源丰富。能够提供能源、原材料和劳动力等，需要引入劳动密集型企业。经济和技术合作基础在流域的东、中、西部地区已十分成熟。在经济技术方面，坚实的合作在流域经济带各地区间的能源、旅游、农副产品中进行。因此，流域内各地区合作的加快，对各地区依据自身的优势在区域经济分工与合作中寻找发展空间有促进作用，对整体优势的形成和战略性调整流域产业结构及合理配置生产力具有推动作用。

三、流域的整合运转功能

流域这个生态—经济—社会系统，具有物质循环、能量流动、信息传递、价值增值四种功能。流域经济是流域系统的组成部分，又是国民经济系统的一个子系统。协调流域内部、流域与流域、流域与国家关系的关键是要在符合国家国土综合开发治理的总体要求与宏观布局的前提下开发和治理流域。通常来说，社会应有效地整合和配置所需的生态资源，并在充分考虑所需要耗费的资源数量的条件下实施有关生态恢复及补偿的工作。因为目前不能及时保护和均衡各方面的利益，因此，根据生态服务功能得到的补偿规范仅仅被当作补偿的参考和理论限度的补偿，彻底解决生态补偿的问题需要通过对各种经济利益的区分及研究来分析生态补偿机制。因此，为了保护环境，优化经济发展，我国进入了环境保护的新阶段，保护流域环境的目的是解决流域生态环境问题，保证在健康和谐的环境中流域经济更快更好的发展。为了减缓生态环境恶化的速度，世界各国都采取了宏观调控，严格管理或限制对生态环境的破坏，具体的调控和引导各种生态演化及物种变迁的措施。通过按生态问题影响程度的不同对人民执行的不同补偿标准，以实现生态的持久发展；通过对其进行不同类型的经济或社会补偿，逐步形成了研究和研究规则的系统逻辑方法，当前的生态补偿的体系是在参考不同的相关补偿的案例基础上逐步形成的。

在经济中，数据的任何变化都是因为受到某种影响。在今天的水环境中，它不再是一个免费的产品。水资源作为一种公共产品，是所有生态链中所有物种生存所必需的。因此，水资源环境的利用在一定程度上具有非排他性和非竞争性，这也是水资源环境恶化的主要原因。被污染的水对所有生态物种都有直接且致命的影响，正是因为生态链条上的这两个特性；并且因为生态环境是彼此相互影响的，参考"蝴蝶效应"所说的无数微小的影响世界和对交易前后的相关关系有很大的影响可知，环境的细节最终会影响水资源环境的整体状况，并且人类物种在这一生态链上的影响程度最高。因此，有必要限制人类自身的活动，按照限制与禁止、允许与鼓励的分类，对环境有影响或有重大影响的分类进行管理；它有利于环境，实施管理时可以在一定程度上积极恢复和合理利用许可和鼓励管理的性质。采取科学规范的宏观调控方法，避免各种影响或相关影响聚集导致严重问题，更好地保护环境，更有效地满足经济社会发展。

第三节　我国流域生态治理现状

一、流域产业需要科学规划与布局

绿色发展是解决污染问题的根本之策，科学的产业布局是流域水生态保护的根本保障，流域经济发展过程中要高度重视产业规划布局，要明确产业布局对流域水生态环境的潜在威胁。如化工、煤化等产业分布在"5·12"地震的地震带上（沱江、岷江、涪江和嘉陵江上游），矿渣或者各种有毒、污染性物质会因自然灾害如大地震等造成泄漏。如果发生泄漏，救援人员不能快速进入现场开展救援工作，余震过后将继续带来更大的破坏，短期内出现不能人为控制的情况。在这些流域的中下游有人口密集的城市，如成都、眉山、乐山、绵阳等，人口上千万。河流可能会被流入的有毒有害物质污染，影响流域内工农业的发展与居民的生活。也有可能会认为突发性水生态破坏是因为不科学的产业布局和偶然因素造成的，而且在流域中上游分布生态破坏性、污染性产业是不科学的产业布局，就会造成持续性、经常性的生态破坏。所以，科学的产业布局对保护流域水生态环境有举足轻重的作用。

我国流域内产业是否采取了科学合理的布局？以长江为例，2010年长江水利委员会的数据表明，全国化工企业有21326家，这其中处于长江沿岸的有近万家。四川泸州位于长江上游，该地致力于把泸州建成"西部化工城"，因此，其利用丰富的煤炭、硫黄和天然气资源，把合江、高坝和纳溪等4个化工园区建设在60公里长的长江沿岸，发展煤化工、医药化工和精细化工等产业；重庆位于三峡库区的涪陵、万州、长寿充分发挥当地自然资源的优势，利用天然气资源发展天然气化工等产业；武汉化工发展区依托葛化集团进行规划，充分发挥良好的水域建港条件和北湖新城的发展优势，以化工新材料为主，以新领域精细化工为辅，建设化工型港口城镇。顺着长江流向，在漫长的河道沿线上，川、渝、鄂、赣、苏的许多地方政府都有宣传各自进行重化工业发展的各种便利之处，发展重化工业的愿望都十分强烈，把地方经济增长点确定为重化工产业的发展。有关统计数据表明，布局建设在三峡库区、南水北调干渠沿线、人口密集地区在内的环境敏感地区的项目就占全国化工石化建设项目总数的81%，并且有45%为重大风险源。

由于各省市早期制定的工业布局规划很多都缺乏前瞻性，长江流域污染超负荷是因为盲目建设污染过重的重化工项目和工厂。为了保护流域水生态，防止被破坏，使被破坏的流域水生态得到控制和恢复，必须科学安排流域产业，逐步完善产业结构。流域产业的科学布局需要往后的产业布局科学合理，还需要转型升级或合理调整流域现有的产业。然而，如何实现流域产业的科学布局，分别有主张通过市场本身机制和主张通过市场外部力量两种观点。首先，主张通过市场自身的机制观点认为在市场体系逐步建立完善之后，企业是市场的主体，应充分发挥市场的调节作用。如长江流域科学规划流域产业可以利用市场的作用。从流域的角度来看，协调产业布局空间的方式之一是产业沿江梯度转移，在长江流域空间结构体系的构建与发展，通过市场自身的机制，因为制造成本的比较利益和地区经济级差等，部分产业肯定会发生空间上的转移和重组。其次，主张通过市场外部力量协调好各地区的产业布局的关系，避免上下游之间、左右岸之间的产业发展同质化；要高度重视重点污染企业的选址和排污治理，要注意大江大河上游和饮用水源的分布；建立流域污染补偿机制，提高污染成本。这种观点的实施主要有国家政策和法律规制两种方式，如生态补偿政策、经济发展政策等政策方式，以便科学规划流域内的重点产业布局。

二、 PPP 形式主导水环境治理

PPP 是 "Public-Private Partnership" 的简写，是一种新型融资模式，指以政府带头，民间资本参与，双方合作效率提高风险减小，最终实现政府与民间资本的双赢，使基础设施建设的服务质量得以提高。简而言之，就是政府与社会资本合作的投资模式，人们常说的 PPP 有狭义和广义之分。狭义 PPP 指公共部门和私人部门一起组成机构，通过这一特殊的、具有明确的目的机构来引入社会资本，合作的全过程要充分沟通并一起承担风险，合作期结束后，机构移交政府的公共服务开发运营。而 PPP 在广义层面上的含义为公共和私营部门之间提供公共基础设施产品或服务的相互合作关系，有 PFI、BOT、BOO，及私有化类、特许经营类、外包类的 PPP 项目。两者相比较，狭义模式更重视项目要物有所值，并且强调合作过程中的风险分担机制。与 BOT 相比，狭义 PPP 中双方的信息更加对称、合作时间更长，在参与度上，政府参与度比较高。PPP 可以提高基础设施建设的运营效率，合理配置资源，投资风险下降，服务质量得到增强。是培育经济发展新动能、推进供给侧结构性改革的重要举措。

人们认识到社会资本进入环保建设的重要性后，由大型水务企业以 PPP 形式承接流域水环境进行综合治理的案例越来越多。据相关数据统计，

2012—2017 年，正在实施的和已完成的水环境综合治理 PPP 项目数量为 94 个，总投资额为 2090 亿元，项目以北京、山东、安徽、河南、贵州、云南、广东、海南等地为重点市场。流域综合治理的项目投资周期长、规模大，94 个项目平均投资额为 22 亿元，其中仅 2 个纯河道治理的 PPP 项目投资额低于 1 亿元，其他 92 个 PPP 项目投资额均超过 1.4 亿元。

三、大型企业成为流域水环境治理项目的主导企业

目前参与流域治理的企业类型主要可以分为三类：第一类是央企，如中电建、葛洲坝、中电、中铁等，这些企业以施工的方式参与流域治理的项目，具体的方案设计、运营等环节通常委托给规划院、设计院和民营企业。第二类是国企，如北控、北排、深圳、首创水务等传统的水务公司，与其他类型相比，在水务的投资与运管方面比较有优势。第三类是上市的大型民营企业，包括以传统水务切入和以景观设计和建设为强项的两种小类。如碧水源、博天环境、桑德等是以传统水务切入，而铁汉生态、东方园林等是以景观设计和建设为强项。目前，生态建设也是流域治理重要的一部分，把生态和水环境的项目纳入传统的园林项目中去，并且逐渐发展成为具有特色的企业。从水环境流域治理项目来讲，国内目前是以 PPP 项目为主，它的特点是周期比较长，一般是 10 年、15 年甚至是 25 年。这就造成项目的运营期很长，可能达十几年。这种情况下，未来可能会催生出专业的运营企业。

四、企业合作成为流域水环境治理 PPP 项目常态

大部分流域治理 PPP 项目是通过公开招标、邀请招标、竞争性磋商等方式选择社会资本方，并且一方组织、几家企业合作的方式是实施的常态。如常见的形式是由参与企业中背景或资本强大的上市公司或大型央企作为牵头单位，并与（勘察、规划、市政）设计院及互补的施工、运营单位合作。在流域生态系统中，为获取最大的经济效益，现有环境资源滥用的情况不在少数。流域生态的特征会使在不保护生态环境的情况下，产生负的外部

性,成本降低。但是,如果生态系统在上游表现良好下游就免费使用。所以,短期上,上游出于自身利益的原因有过度发展的倾向,相反下游有"搭便车"的倾向。这时,建设生态环境就会出现"囚徒困境"的难题,故生态补偿机制是生态学、环境管理、经济学和可持续发展领域的前沿和难点问题。

五、生态补偿制定法律保护流域生态环境

20世纪初,破坏或损害环境者所付出的补偿被称为生态补偿;但到了20世纪末,逐步加大生态补偿的范围,涵盖建设与保护生态环境者的各种转移补偿机制。实施生态补偿是根据对破坏资源或保护环境的行为收取一定费用或者进行补偿,使这种行为的成本和效益增加,经济、社会和生态利益为共同目标加以实现,其中制约破坏行为或激励保护行为的主要保护目的是为了达到纠正破坏生态效益和减少破坏活动的目的,最终使生态补偿机制得到确定。

随着实践探索,生态补偿立法进入实践层面。由国家发改委牵头,在2010年4月26日正式启动了《生态补偿条例》(以下简称《条例》)的起草工作。同年7月5日,西部大开发工作会议提出要在西部加快实施有利于保护环境的生态补偿政策。2012年,党的十八大报告中指出"面对资源约束趋紧、环境污染严重、生态系统退化的严峻形势,大力推进生态文明建设,建立反映市场供求和资源稀缺程度、体现生态价值和代际补偿的生态补偿制度"。2014年修订后的《中华人民共和国环境保护法》(2015年1月1日实施)明确规定,国家建立、健全生态保护补偿制度。故流域管理学术研究和实践的热点是新时期我国流域水资源与环境利益平衡的重要手段。它是环境经济手段之一,也就是对上下游地区保护生态环境利益相关者之间的关系进行调整。流域环境管理应用于"生态补偿"。

例如,三江源区的生态保护,正三江源区是长江、黄河、澜沧江的源头,青海为流域生态环境保护、确保水资源在中下游的质量与流量做了大量的工作。根据相关数据可知,仅禁伐和休牧两项规定,青海每年损失的收入就超过1亿元。贫困的上游地区以牺牲自己利益的方式来涵养水源,保护

流域生态环境，会使流域内的甚至更多的人受益，最直接受益的是下游地区的企业、居民，然而受益的富裕的下游却没有给上游地区提供具体的经济补偿。站在全国发展的视角来看，位于我国西部的上游地区为了生态保护阻碍了经济发展，位于东部的发达地区无偿地享受了干净的水，这会导致东西之间的差距不断拉大。通过立法形式构建补偿机制，能保障生态补偿的权威性以及可持续性，可通过法律条文来确定对生态补偿的定价方式、补偿范围，也可以加大政策补偿方式的力度。生态补偿方式是多元的，可以通过在资金补偿的基础上加大其他补偿方式的力度，使补偿重心逐渐由"输血型"发展为"造血型"。

六、流域生态补偿的支付模式多样化

2018年1月1日起施行的《中华人民共和国水污染防治法》（下文简称《水污染防治法》）第八条规定"国家通过财政转移支付等方式，建立健全对位于饮用水水源保护区区域和江河、湖泊、水库上游地区的水环境生态保护补偿机制"，在我国现阶段，流域生态补偿主要是基于这一规定。通常，我国各级人民政府是补偿流域生态中的主体，财政转移支付是主要支付方式，有纵向、横向与纵横向混合财政转移支付三种模式。

（一）纵向财政转移支付模式

上下级政府间的支付可以被称作纵向财政转移支付。纵向财政转移支付模式在我国流域生态补偿实施中被具体执行的有浙江省的流域生态补偿、东江源头保护区的生态补偿和江西省对境内五大河流的生态补偿等。

2008年浙江省颁布了《浙江省生态环保财力转移支付试行办法》，规定全面实施省级财政对重要水系源头市（市）生态环境保护转移支付，这标志着我国首个省份开始实施省内全流域生态补偿。根据规定，转移支付的对象应该包括境内钱塘江在内等八大水系主干河流、一级支流源头和市、县（市）有较大流域面积的，流域面积超过100平方公里的，按照"总量控制、有奖有罚""保护的人受益"和"谁贡献大，谁多得益"的基础原则执行转移支付。具体实施方法为给予城市、县（市）的出口水质的主要流域跨越部分达到预警指数以上奖励和补贴 100 万元，只要水质量的年度评估与去年相比提高 1%，将会奖励和补贴 10 万元；否则进行相应的扣罚。

（二）横向财政转移支付模式

财政资金在没有从属关系的地方政府间转移被称为横向财政转移支付。北京市—承德市—张家口市间的水资源保护工程，江苏、浙江和上海太湖流域的生态补偿和受水区及水源区在南水北调中线工程的协调等是我国在流域生态补偿的横向财政转移支付模式的实践。

《北京市与周边地区水资源环境治理合作资金管理办法》规定 2005 年到 2009 年期间的每一年，北京市支付 2000 万元以支持承德市和张家口市相关区县进行水资源生态保护。北京市人民政府和河北省人民政府在 2006 年共同通过的《北京市人民政府、河北省人民政府关于加强经济与社会发展合作备忘录》，规定在 2008 年前，河北省在密云水库上游实施稻改旱 10.3 万亩以保证北京用水，北京市将对农民受益损失进行补偿。

在国务院于 2013 年批准的工作计划《丹江口库区及上游地区对口协作工作方案》中，明确提出京、津两市在南水北调中线工程受水区应与水源区的鄂、陕、豫等省份开展合作，以确保调水水量和水质达到标准、推动水源区发展质量的提高、使经济发展方式发生改变、改善生态环境。

（三）混合财政转移支付模式

纵向财政转移支付与横向财政转移支付互相混合的模式被称为混合财政转移支付模式。代表性的案例包括新安江流域和山东大汶河流域的生态补偿。

新安江流域的生态补偿机制是我国第一个跨越省份生态补偿机制。安徽休宁是其发源地，总干流长 359 公里，是长江三角洲地区重要的生态屏障。2012 年，安徽、浙江两省签署了《关于新安江水环境补偿协议》，同意联合设置环境补偿基金。这两个省每年都在环境保护部门的监管下监测水质，了解水质状况，如果跨界断面水质达到或超过基本标准，那么浙江省将拨款 1 亿元给安徽省；如果水质与基本标准相比跨界断面较低，那么相反安徽省需要拨款 1 亿元给浙江省，专项用于新安江流域治理。并且中央政府每年将向安徽省拨款 3 亿元，这 3 亿元专门用作保护新安江流域水环境以及治理水污染。根据两省共同检测，新安江流域 2011—2013 年整体水质良好，并且在 2014 年，安徽和浙江两省确定延续试点。2018 年，该试点工作进入第三轮，并入选中国"改革开放 40 年地方改革创新 40 案例"。

2008 年，重点流域生态环境保护长效机制的设立，由省级财政、泰安市财政与莱芜市财政筹集 2000 万元的资金建立合作责任机制，根据"治理补偿、污染赔偿；责任明确、上下联动；政府主导、整体推进"的原则，采取实施河道上下游协议生态补偿试点工作，在利益相关区域之间实行串联责任制等途径。简而言之，就是上游水质变好，由下游补偿上游；若下游水质变好，则省级对其进行补偿。按照大汶河流域进行生态补偿与水质的情况，基于自动监测跨界断面水质的数据对上年度年平均值进行考核；根据水质变化情况核定具体补偿或赔偿额度，并且赔偿资金应当划入专户，弄虚作假骗取赔偿金的单位和个人，应当视情节轻重追缴赔偿金，并对有关责任人员依照有关规定给予纪律处分；违反法律的，交由司法机关处理。

七、跨地区生态补偿试点良好

目前，我国仍处于探索生态补偿机制的阶段，同一行政区域内有很多生态补偿成功的例子，然而，在跨省生态补偿的例子中完成效果并不理想。2007 年，北京市单方面决定每年向张家口市和承德市支付 2000 万元，用于补偿农民和治理环境污染。这是我国跨行政区域生态补偿较早的实践。广西壮族自治区及广东省在 2016 年时合作颁发了《广西壮族自治区人民政府、广东省人民政府关于九洲江流域水环境补偿的协议》，这标志着广西壮族自治区和广东省建立起了流域上下游跨省的生态补偿机制。根据协议，两省自治将分别投资 3 亿元设立九州河流域水环境补偿基金，对广西陆川县和博白县进行补偿；并根据考核目标的完成情况，中央财政对广西九州河流域水污染防治工作给予奖励。监测考核以中国环境监测总站组织两省、地区联合监测为基础，以中国环境监测总站确定的水质监测指标为最终评价依据。

湖南省通过一级支流探索了流域面积 5000 多平方公里、流域长度 150 多公里的县市跨行政区域的生态补偿。主要包括湘江干流和舂陵水、耒水、渌水、涟水、洣水、蒸水、潇水等流域，涉及湘江流域 8 市和相关县（市）34 个，依据跨市、县断面水质、水量目标实行考核奖惩。湘江流域按照"以罚为主、改善优先、适当奖励"的原则，根据水质优质奖励、水质改善奖励和水质劣质处罚、水质恶化处罚来进行水质水量生态补偿。

2018 年，湖南省和重庆市签署《酉水流域横向生态保护补偿协议》，根据协议，重庆市和湖南省对地处重庆市秀山县和湖南省湘西州花垣县交界处的里耶镇的水质，对酉水河流域实施横向生态保护补偿。直接依据为国家公布的水质监测数据评价断面水质，根据国家确定的水质评价结果按月核算酉水流域横向生态保护补偿金，达标由湖南补偿重庆，超标由重庆补偿湖南，补偿资金只能用于酉水流域水环境保护修复。同时，重庆已完成了全覆盖市重点河流横向生态补偿，并开始与四川、贵州和湖北等周边省份洽谈，依据统一机制设计、不同省份不同流域统一推广的原则，共同构建跨省流域补偿机制。

现阶段，我国已积累了部分地区跨行政区生态补偿的经验，地方政府和中央政府十分关注跨行政区生态补偿；为提高对跨行政区域生态补偿的意识和认识，组织了多种形式的宣传活动；技术支持和保障得到强化；跨行政区生态补偿的资金保障加强。

第四节 我国流域生态补偿存在的问题

经济社会发展及人们的健康会受到流域水环境污染、水生态破坏的影响甚至是威胁，因此我国高度重视流域的生态环境保护和建设，财政上不断增加相关投入，制度上不断建立及完善相关法律法规。经过学者的理论探讨和在一些流域开展的生态补偿试点，我国在这方面已积累了一定的经验。然而在生态补偿模式的推广、流域可持续发展方面依然面临很多挑战。

一、流域生态补偿没有完善的法律法规依据

我国现阶段对流域生态补偿的规章制度还不健全，有的法律法规甚至出现了矛盾。在 2002 年进行修订并且颁布执行的《中华人民共和国水法》（以下简称《水法》）第十二条规定："国家对水资源实行流域管理与行政区域管理相结合的管理体制。"2008 年修订的《中华人民共和国水污染防治法》（下文简称《水污染防治法》）所明确的是区域管理制度，但《水污染防治法》并没有证实《水法》中的流域管理体制，由此可见，相继颁布的这两部法律间有明显的矛盾和制度冲突。而地方省级部门制定及实行的相关政策的发布基本都是以规章和规范性文件的类型为标准，对流域生态补偿的原则、补偿的指导措施、补偿标准等进行了明确，在总体来看实践上指导性较弱，并且生态补偿的制度建设总是滞后于现实的要求。

（一）补偿的权利和义务主体不清。流域生态补偿立法中，谁来补偿？谁应该得到补偿？从保护环境的利益关系角度分析，跨行政区生态补偿涉及生态环境保护地区和受益地区，即对两者间的利益关系进行协调。在流域的层面分析，上游地区受到保护，下游地区则是受益者。然而，现行的

地方实践没有明确跨行政区生态补偿的主体与主体之间的法律关系，也没有明确为保护生态环境做出贡献的人是谁，得益于保护生态环境的人又是谁，导致生态补偿的权利及义务主体模糊。例如，补偿重庆和湖南两地酉水流域，有下游地区补偿上游地区，也有上游地区补偿下游地区的。

（二）补偿的性质被混淆。一是把补偿与处罚混为一谈。依据《湖南省湘江流域生态补偿（水质水量奖罚）暂行办法》及《长沙市境内河流流域生态补偿（水质水量奖罚）办法》，在某一地入境断面水质符合评价标准，但是，出境断面未达到评价标准的情况下，或在某地入境断面水质达不到评价标准（也就是说入境水质已经被污染），在水质评价方面，出境断面不及入境断面的情形下，说明应该处罚该行政区，因为河流流域水质在该行政区域内恶化，而且，流域生态补偿的主要形式以及补偿资金的关键来源正是该种处罚。在跨行政区生态补偿的范围内引入处罚机制，其实是扭曲了生态补偿的初衷，将补偿与处罚的性质混为一谈。二是混淆赔偿和补偿。例如，重庆、湖南两地通过《酉水流域横向生态保护补偿协议》明确，如果水质低于国家考核目标，重庆则需拨付补偿金给对方，这事实上是，由于水质在上游未达到标准从而补偿下游。三是混淆生态补偿"激励"的对象与治理生态环境的"义务"。如依据《湖南省湘江流域生态补偿（水质水量奖罚）暂行办法》，湘江流域预防治理水污染（包括治理能力建设和运行）、管理水资源、节约水资源、保护饮用水源地、保护生态、保持水土、利用新能源和清洁能源、建设运行城市污水处理设施、安全饮水等保护生态和治理环境的支出统一利用补偿资金。从以上表述可知，湖南省使用补偿资金的范围过宽，导致模糊了补偿的激励对象，甚至激励的对象都是错误的。把补偿金统筹用于流域污染治理相当于把该制度当作治理被破坏的流域生态环境的手段，但该制度追求"正外部性"生态效益的本意和特征被否定。造成生态补偿功能的消失、曲解制度设置的目的。

（三）不合理的补偿基础。例如，评价依据均为横断界面的水质监测指标的有重庆及湖南两地酉水流域的补偿、湘江流域跨行政区生态补偿、九洲江流域生态补偿等。然而，实现横断界面水质达到标准需要较长的时间，需要各种因素共同作用。因此，基于监测结果的补偿是一种滞后性的末端补偿机制，对有正外部性的保护环境行为不能有效激励。

二、流域生态补偿方式单一

资金补偿是我国实施流域生态补偿的主要方式，且财政转移支付是最主要且最重要的方式，具体包括纵向财政转移支付和横向财政转移支付两种。在这两种情况下，主要由中央政府的财政划拨资金，但是地方政府较少有资金投入。筹集资金的时候没有充分发挥市场机制的作用，单一的方式给政府的财政带来很大的压力，难以有持续且充足的资金支持。并且政府财政收入有限，被分配到流域生态补偿的资金有限，还被用于多个不同的流域生态补偿中，导致资金的利用率低，流域可持续发展比较困难。

三、跨流域和跨地区的协调发展机制不健全

在中国，流域生态补偿划分为众多部门，生态补偿管理体制没有统一，在流域生态补偿中部门间的分工不明确，造成权利和责任不明晰。如果补偿工作有问题发生，部门间就会相互推卸责任 。由于跨地区和跨流域的协调发展机制还未健全，没有建立专门的管理机构来负责补偿协调发展，补偿工作没有统一规划和整体性。为了追求自身利益各地区及各部门争夺项目、资金，这就造成利益部门化，造成工作核心点不再是治理生态环境及补偿利益受损失的人，而是在部门间分配利益，严重影响补偿工作效率。

四、公众参与程度不充分

我国公众的环境治理意识不强，未树立全民参与环保治理的观念，在流域水环境管理中的参与程度较低。公众参与度不高的原因主要为以下两点：一是环境具有稳定性和包容性；二是公众参与缺乏法律保障。由于环境具有稳定和包容等特性，在一定程度上被破坏后，生态系统会进行自我调节，出现的问题在较短的时间内往往不会凸显，不能引起公众高度重视。同时大多数人并不了解流域生态补偿相关知识以及作用，生态补偿的意识

淡薄，社会还没有营造出较好的保护氛围，公众还没有树立正确的生态环境价值观。目前，我国的公众参与机制有待完善，法律未明文规定公众在水环境污染治理中的主体地位，也没有社会环保组织引导公众参与到监督及决策水环境治理中间。

五、流域水环境治理效率低

持续性、复杂性、高投入性和系统性等是流域水环境治理的特点，我国前期对其缺乏科学的认识和分析，仅依靠点状的环境治理项目无法达到预期的长久稳定的整体治理效果，现阶段存在"反复治理、反复污染"的现象。

（一）流域水环境治理技术体系不成熟

传统的水环境治理模式和技术体系都是以截污管网和污水处理厂建设消除点源污染为主导，流域生态环境的反复污染问题难以根除。运用水利、环境保护、生态、景观、市政等方面的知识对流域水环境进行综合管理。包含生态修复、截污治污、防洪排涝等子工程。单独每个方面的研究发明都很多，都具有较为完备的技术体系，但水环境治理实践中对多方面技术的集成能力不强，导致目前还没有建立及完善流域水环境治理的综合技术体系。如果各个方面配合不协调，则每一项单一技术的最大运行效果无法充分发挥，系统不能保持长时间的稳定，导致可以暂时改善流域水环境，但也会反复污染。所以在实践中，既要重视所涉及的多方面的配合，又要注意各方面的技术整合，调整与流域水环境治理相匹配的集成技术，形成水环境治理的最优设计并保证其长效运行。

（二）流域水环境治理缺少终极责任人

流域通常跨多个行政区域，水环境治理需要多个地方政府、多个部门相互合作，各自为政，多头治水，造成责任边界不明晰。水环境治理项目从设计、投资、建设到运营都是分开进行的，终极责任人在整个过程中缺失。而设计方收费是依据投资基数，会产生投资导向、概算偏大的设计现象；但是建设方按照图纸施工，不需要优化设计，也不需考虑后期维护。这样会影响项目的科学性,增加项目的运营成本。一旦出现问题,设计、施工和运营者间会相互推卸责任。

(三)低效的流域水环境治理市场融资和管理

我国流域水环境治理初期,资金来源主要为政府,特别是城市政府的财政收入、借贷和由政府主导的行政事业性收费。随着城市化进程的加快,政府对水环境治理投入不足,庞大的投融资缺口问题凸显。政府主导投资模式的困难是政府的融资平台公司不仅缺少公众的监督,还缺少改革进步的推力,造成投资和管理的低效。

第五节　流域生态补偿与流域环境保护的良性互动

上游地区良好的生态环境会给流域带来正的外部效应,能给下游地区提供多种生态服务包括优质的水资源、调节河流流量和流域气候、调节地下水、生物多样性保护等。但是,由于流域上游生态环境保护,保护水源,当地的经济发展会被影响,使上游在生态优良的同时存在经济不发达、居民生活贫困的现象。然而现在,给下游提供的生态服务基本是免费的,这就会导致上游地区保护流域生态环境出现不积极的情况。

京津冀北流域就面临着这样的问题。因为下游对生态环境有较高的要求,上游为保护流域环境和保证京津水源,不但花费了大量人力、财力和物力,还限制了上游地区的经济的发展。张家口市的洋河、桑干河工业带常年创造占全市的90%的工业产值,而为保证官厅水库水质,从加大京津水源和环境保护力度开始,大批企业因其而关停,大量项目因其而下马,给当地发展带来挑战。出于保护环境的目的,赤城县在1996年至2006年期间,仅没有上马的加工工业项目就有30个,影响该县产值高达2.5亿元。由于要保护水源,北京怀柔区在1995年至2003年间,停产关闭将近百家企业，损失达 20 多亿元。由于要给京津供应充足的水资源，冀北坝上地区大范围内削减浇地水量，但在当地实施的京津风沙源治理、退耕还林等工程的补偿金远远低于当地农民的损失。且相关工程的实施会增加当地畜牧业的生产成本，会降低当地居民的发展积极性，导致当地畜牧业滑坡。

京津冀北已成为典型的全国特大城市周边贫困地区，2003 年，该地区内 24 县农民人均纯收入与北京的落差为 73%，而同期广州与广州周边山区县的落差为 49%。若不解决上游经济发展、群众生活等问题，流域环境治理成果便无法保持，很难提高上游的保护积极性，上下游地区之间发展机会差异大将会阻碍流域协调发展。所以，迫切需要建立流域生态补偿机制，如何形成良性互动关系，可以从以下五方面考虑实施。

一、建立"绿色 GDP"核算制度

所谓绿色 GDP，指减去自然资源耗减价值与环境污染损失价值后剩余的国内生产总值，被统计学者称为持续发展的国内生产总值（Sustainable Gross Domestic Product），简称为 SGDP。绿色 GDP 是一个可持续发展概念，它体现了一个国家或地区的国民财富，包括环境和人力资源，实际上是国民经济增长的净正效应。

在流域建立"绿色 GDP"核算制度，进行环境污染损失核算，反映经济、社会可持续发展水平，可是现阶段推行还面临多重障碍。纵然部分发达国家推出了绿色 GDP 技术指标，但还没有出现被大多数学者认可的科学指标。现阶段仍无任何国家就全部资源耗减成本和全部环境损失代价计算出完整的绿色 GDP，足以表明该项核算是一项难度很高的工作。

二、实施市场补偿政策

采取设置水权转让机制、收取生态环境补偿税等方式进行市场补偿政策的具体实施。具体而言，在流域内建立水权转让制，即下游按市场价格支付水资源费用以补偿流域因保护而带来的损失，下游水资源费用可通过提高下游地区的水价和污水处理费的标准等方法来收取。征收生态环境补偿税可以在流域下风向区域开展，所得资金添加到流域退耕还林还草补助金中。

三、补偿实行公共财政政策

中央政府和各级地方政府包括下游和直接受益地区每一年分别给固定金额的补偿，将流域内各种补偿资金进行整合，设立流域生态补偿专项资金。该资金专门用于补偿高耗水农业发展、限制传统工业发展、提高地表水环境质量标准地方、提高生态功能区域标准等带来的经济损失以及生态工程管护费用和自然保护区管护费用。生态补偿面临着许多技术挑战，如怎么核算上游地区生态系统服务功能，如何确定补偿依据和标准，怎么量化生态补偿指标，如何为生态补偿提供法律保障以及如何明晰水权等。要逐步建立和完善流域生态服务补偿机制，就必须去解决这些难题，这也是本书研究的重点和难点。

四、实施技术项目补偿政策

中央以及下游的各级地方政府要在流域内规划一些技术项目以发展生态产业，如通过对无污染或小污染产业的上马进行补助降税、提高排污标准限制高污染产业的发展以及引导扶持当地居民发展替代产业等方式。

五、建立异地发展模式

为了在保证水质水量的前提下促进上游经济发展，可推行异地发展模式，即给上游很多因环保而受到限制产业提供发展空间，优化产业布局。根据发展地点的不同一般可以分为区域间的和区域内部的两种异地开发模式。区域之间的异地开发指下游允许上游地区在区域内建立开发试验区，在下游划出一块土地来建设水源地保护区无法开展的项目。如浙江省金磐开发区的例子，金华市为磐安县提供一个由该县自主开发的区域，接纳该县的招商引资项目。

为了更好地实施异地发展模式，可以分三个阶段来落实具体工作。第一阶段采用内部异地开发的模式。当上游地区处于发展初期，集中建设开发区，发挥产业聚集效应，完善环保基础设施的同时对企业进行严格的管理。第二阶段采用区域间的异地开发的模式。当上游处于发展中期，已具一定规模时，需要转移部分产业，减小对环境的影响。下游需提供一个区域接纳上游地区的招商引资项目。第三阶段重新采用内部异地开发的模式。当上游发展比较成熟时，第二阶段的模式已经不易于管理。上游不断调整、优化产业结构，集中发展替代产业，形成新兴产业的聚集和发展，做到环境保护和经济社会协调发展。

第三章　嘉陵江流域基本情况

第一节　嘉陵江流域总体组成

　　秦岭北麓的陕西省凤县代王山是嘉陵江的发源地，它是长江上游的一条支流，称作嘉陵江是因为流经陕西省凤县东北处嘉陵谷（《水经注》二十《漾水》载："汉水南入嘉陵道而为嘉陵水"）。嘉陵江流经的40个区县分属甘肃、陕西、四川、重庆等省市，于重庆市朝天门处汇入长江（见图3-1），是中国著名的跨越省市的河流。其主要支流有八渡河、渠江、西汉水、涪江、白龙河等，嘉陵江总长1345公里，流域面积16万平方公里，其中干流的流域面积3.92万平方公里，就流域面积来看，在长江各支流中是最广的，就流量来看，其流量紧随岷江，长度仅次于雅砻江。在四川省内嘉陵江的流域最广，超过全省流域面积

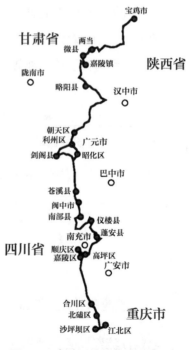

图3-1　嘉陵江流经线路示意图

的 60%。

嘉陵江的发源地尚有争议，其发源地在传统上有两个：东峪河位于陕西省凤县代王山和西汉水位于甘肃省天水市秦州区齐寿乡齐寿山，有一些学者认为白龙江的起源地是甘南碌曲县郎木寺镇若尔盖草原。长江水利委员会于 2011 年明确其正源是秦岭代王山。代王山南侧大凤沟（为陕西省凤县秦岭主脊）海拔 2598 米，为东峪河的起源地，大南沟被认为是上源，流向为从东南向西北，与清姜河上源相平行，秦岭主脊以北的渭河支流是清姜河起源地，经过煎茶坪，东峪河转成西南流向，与转为东北流向的清姜河相背而流。

嘉陵江流域总体情况如图 3-1 所示。陕西省凤县北部是嘉陵江的起源地，一直向南流，进入甘肃两当县和徽县，接着流经陕西省略阳县，再进入四川省境内，流经多个县市，包括广元市、南充市、蓬安县、南部县等，在重庆流入长江。嘉陵江和其他河流一样被分为上、中、下三个组成部分，嘉陵江上、中、下游的分界点为四川省广元市昭化区与重庆市合川区。昭化以上为上游，河流曲折，自然比降大；昭化至合川为中游，河流逐渐开阔，自然比降变小；合川至重庆河口为下游，地势复上升为山区地形，具体情况见表 3-1。

表 3-1   嘉陵江上中下游划分情况

名称	分段区域	区域流域情况
上游	广元以上的陕、甘区域	流经陕西、甘肃、四川三省，地势较为陡峭
中游	广元、广安至合川	贯穿四川境内，地势由东向南逐渐趋缓
下游	合川至河口	流经四川和重庆两省市，主要以山谷地区为主

一、陕西省（陕西三县）

嘉陵江流经凤县，进入甘肃两当县，流回陕西省，它出陕西省流经略阳县和宁强县流入四川。在陕西境内，长 244 公里，约占总河长的 30%；

多年平均径流量为 56.6 亿立方米,占陕西径流总量的 12.7%;流域面积为
9930 平方公里,占陕西总面积的 4.8%。陕西省境内嘉陵江主要支流概况
见表 3-2。

在凤县境内,代王山发源于秦岭北麓,流向是沿东峪沟由东南流向西
北,流到东河桥老街周围,流向转向西南。全线长 72 公里,流经双石铺、
凤州、龙口、黄牛铺等乡镇的 23 个村。河道呈峡谷宽谷相间的串珠状,
属山区峡谷型河流。河床比降为 6.6‰,且沉积物分选性差。河床与谷顶
高度相差在 200—400 米的范围内,河谷坡度陡,曲流深。顺着河流无连
续的阶地,在宽阔的河谷中有面积较大的曲流阶地,是沿江重要的经济区,
如凤州、草凉驿、双石铺、龙口等。[1]

略阳县内,通过甘肃省徽县鱼关石土地庙流入,自北向南,过白水江、
徐家坪、略阳县城、乐素河等区镇。城区段河床宽约 150 米,岸宽约 200
米。下游岸约 200 米宽,从石瓮子乡登蹬垭流出,进入宁强县。全县内流
程 86.8 公里,有 2014.6 平方公里的集水面积,是 71% 的全县总面积。干
流的平均比例为 1.35‰有所下降,水能蕴藏量 11.9 万千瓦。多年平均侵蚀
模数每平方公里 1680 吨,平均输沙量 3230 万吨,平均含沙量 8.6 千克/
立方米。

在宁强县,从曾家河乡石磙坪入江,流向为从北向南,在阳平关转变
流向,改为从东北向西南流,在岛湾向南转,于青滩庙进入四川。在县内,
全长 65 公里,流域面积为 445 平方公里。[2]

表 3-2 陕西省境内嘉陵江主要支流概况表

河流	支流分级	高差(米)	长度(公里)	比降(‰)	流域面积(平方公里)	多年平均径流量(亿立方米)
庙峪河	二	1121	26.0	43.1	110.8	0.39
红崖河	一	40	6.0	6.6	25.1	0.09
小峪河	一	1143	54.0	21.2	434.5	1.51

① 凤县志编纂委员会:《凤县志》,陕西人民出版社 1994 年版。
② 略阳县志编纂委员会:《略阳县志》,陕西人民出版社 1992 年版。

河流	支流分级	高差（米）	长度（公里）	比降(‰)	流域面积（平方公里）	多年平均径流量（亿立方米）
安河	一	734	36.0	20.4	409.7	1.42
黑河	一	77	4.0	19.2	13.6	0.05
南星河	二	923	30.0	30.7	147.3	0.51
旺峪河	一		52.5	12.5	677.3	2.36
西汉水	一	69	34.0	2.03	233.4	0.82
洛河	二	144	6.0	24.0	11.9	0.04
青泥河	二	55	24.0	2.29	66.4	0.23
东渡河	二	55	24.0	2.29	66.4	0.23
岳坪河	二	209	23.0	9.0	88.7	0.31
下青河	一	350	39.0	8.97	158.4	0.43
八渡河	二	209	23.0	9.0	88.7	0.31
中川河	1152	50.0	23.0	576.7	2.01	0.43
金池院河	1057	31.0	34.0	168.8	0.55	1.04
金家河	1057	32.5	32.5	133.8	0.47	1.10
乐素河	620	30.0	20.6	143.8	0.50	0.69
宽滩沟	一	440	16.0	27.5	118.9	0.41
三道河	一	248	44.0	5.64	172.6	0.69
巩家河	一	833	51.0	16.3	318.4	1.10

二、甘肃省（甘肃徽县、两当县）

甘肃省境内，嘉陵江在两河口入甘肃，自东北向西南流，经两当县和徽县，在吴王城复出省境至陕西，古称西汉水。此段处于秦岭褶皱带的西延部分，地形复杂，以山地丘陵为主，地势整体上由西北向东南递减。水源充足，河道坡降大，且多峡谷，蕴藏有丰富的水能资源。

在徽县境内，以虞关乡吴王城与嘉陵乡大山村明洞口为分界点，明洞口至吴王城长为40立方米，吴王城以上长165公里。流域面积为6925平方公里，平均流量46.4立方米/秒，年径流总量14.6327亿立方米。多年平均年输沙量380万吨，水力资源蕴藏量3.79万千瓦。

三、 四川省

嘉陵江干流与西汉水交汇后，流经略阳县和阳平关，流入四川省境内。在四川广元昭化区，白龙江汇入嘉陵江，向南流入阆中，左岸东河汇入，西河在南充市南部县和蓬安县流入，一同流至重庆市合川区，境内河长796公里。

广元

在广元市内，清风峡是嘉陵江的流入地，流经沙溪进入南充市内，从北到南，它贯穿广元市的中部，嘉陵江干流沿线有16个乡镇驻地和广元市主城区、朝天区城区、苍溪县城区。在广元内的嘉陵江水系被苍溪境内高坡—双田—运山—拍杨一线的山脊及东部旺苍境内汉王山（水磨—天台一线）划分为两大部分，东部的降水通过河川径流流入巴中，然后流入渠江，在嘉陵江西部，大面积降水进入嘉陵江干流或其支流东河、白龙江、清江河等，然后流入嘉陵江。在这之外，青川、剑阁境内有一小部分降水进入涪江。

作为嘉陵江上重要生态屏障的广元市，严格落实长江经济带"共抓大保护、不搞大开发"的重要要求，以红线保绿线、促发展。守住生态红线硬约束，开展大气污染物来源解析研究、水环境风险评估和白龙江等生态调查与安全评估，划定生态红线面积2088.5平方公里，将706万亩天然林、嘉陵江沿岸20万亩人工林、36.5万亩湿地资源划入生态保护红线范围内严格保护。旺苍县、青川县作为国家重点生态功能区，生态保护红线面积占其面积比例分别达到17.55%、39.36%。

绵阳

绵阳市境内，有河流和溪沟三千多条，且都属嘉陵江水系，分别注入白龙江、涪江和西河。其中，涪江支流较多，水系呈不对称的羽状，位于绵阳市内的流域面积占全市面积的97.2%。

涪江，因流域内曾被汉高祖称为涪县而得名，是嘉陵江右岸支流中最大的。雪宝顶位于四川省松潘县与平武县间的岷山主峰是其发源地。四川省平武县、射洪市、绵阳市、三台县、江油市、遂宁市以及重庆市潼南区、铜梁区等地是涪江南部流经的地区，流入嘉陵江的地方为重庆市合川区。涪江发源于松潘县雪宝顶，在绵阳市境内长约380公里，流域面积约20230平方公里。流域地势西北高、东南低，高差达5093米。江油市武都镇以上河段，地处海拔4500—5000米的山区，河流深切，谷宽100—300米，河谷坡度为45度左右，为V形谷。河中滩多流急，水面宽度为30—80米，河道比降5.8‰。武都镇至遂宁为中游，河流流经丘陵及缓丘平坝区，河谷宽阔，河道比降显著下降，减至0.9‰。水面较宽，水深浅，有较多河流支流分汊河道，两岸有宽阔的冲积阶地。①

巴中

巴中市境内，大大小小的河流有一千一百多条，总河长为4342公里，河网密度大，达0.33公里/平方公里。其中巴河、通江河以及南江河等7条河流的流域面积超过1000平方公里，有45条流域面积超过100平方公里，有86条流域面积超过50平方公里。南江县焦家河为嘉陵江的一级支流，其余河流均属渠江水系巴河流域。河流均为南北流向，水系呈树枝状；调蓄能力较小，水位洪枯变幅较大，部分溪河有断流现象，暴雨洪水特征明显。

全市多年平均水资源量为71.68亿立方米，其中地表水资源量64.13亿立方米，人均略低于全省平均水平。巴河为山溪性河流，流程短，汇流快，易发生大洪水或特大洪水灾害。据凤滩水文站数据，实测最高水位达297.95米，最大流量达26700立方米/秒，水位涨幅为18—23米。

南充

在南充市，嘉陵江干流自北向南经过的地区有阆中市、南部县、仪陇县、蓬安县、顺庆区、高坪区、嘉陵区，干流长301公里。嘉陵江与其左岸较大的支流东河、构溪河以及右岸较大的支流西河、白溪河（濠）构成了南充丰裕的水系。境内河流多江心洲，漏港、汊道纵横，河流稳定。河床多

---

① 四川省地方志编纂委员会：《四川省志·地理志下》，成都地图出版社1996年版。

为卵石，溪流中间有大块岩石，有的淹没在水中，被迫绕流，有的露出水面，有的流入波涛，导致河流更加弯曲，有"九曲回肠"之说。地貌以丘陵为主，气候四季分明，具有冬暖、春旱、夏热、秋雨、多云等特征。[①]

拦截西河上游而形成的升钟水库，位于南部、阆中、剑阁三县（市）交界处，集雨面积 1756 平方公里，总库容 13.39 亿立方米，是西南最大的人工水库。境内河流水能资源丰富，至 2010 年，南充境内已修建了蓬安马回、南部红岩子、阆中金银台、高坪青居、仪陇新政、蓬安金溪、小龙门、阆中沙溪、高坪凤仪 9 个航电枢纽，总发电装机容量为 89 万千瓦。

遂宁

遂宁市境内，多中小河流，涪江、琼江、郪江、梓江、青岗河、蓬溪河等 15 条河流境内流域面积在 100 平方公里以上。涪江在遂宁境内 171 公里，占涪江总长的 25.91%。涪江支流呈树枝形分布，境内有 5127.4 平方公里的流域面积，面积为全市总面积的 96.29%。地形丘陵低山，导致有较大的落差在河流中形成，水能资源充足，在理论上，其储藏量为 55.85 万千瓦，38.71 万千瓦的可开发量，其中，16.94 万千瓦已经被开发。

达州

达州市位于大巴山南麓，东北高西南低，地势高差悬殊大，市境内为亚热带湿润季风气候。[②]市境内河流主要属嘉陵江水系，大巴山是其起源地，流向是从北至南，呈树枝状分布。州河由前、中、后河组成，在三汇镇与巴河相汇流入渠江，入嘉陵江干流。有 53 条河流的境内流域面积在 100 平方公里以上。通航的河流包括巴河、渠江、州河、前河、中河、后河、铁溪河、林岗溪、清溪河，渠江、州河及巴河主干流的水路交通网络基本上已经形成。各河流可通航里程不等，但运载量均在 100 吨以下。

广安

在广安市内，嘉陵江境内长 17.70 公里，从岳池县以西的石鼓乡进入境内，镇裕镇和嘉陵乡是流经地，流出地为西南部的坪滩镇。江面平均大

---

① 四川省南充县志编纂委员会：《南充县志》，四川人民出版社 1993 年版。
② 达州人民政府：《达州年鉴 2017》，四川科学技术出版社 2017 年版。

约有 500 米的宽度，25 米的落差，水位变化在汛期及枯水期时悬殊汛期为
5—10 月，枯水期为 11 月至次年 4 月。年均流量 891 立方米 / 秒，年均径
流总量 278 亿立方米。广安市拥有 1 条嘉陵江一级支流（渠江）、6 条二
级支流（长滩寺河、酉溪河、清溪河、兴隆河、复兴河、吉安河），全长
318.6 公里。

地处四川省东部的广安市，在川东丘陵与平行岭谷之间呈扇形分布。
地势东高西低，中西部为四川"红色丘陵"的一部分，是丘陵地区。嘉陵江、
渠江在基岩深处以增加曲流的形式向南流出广安流入长江。[1]

四、重庆市（重庆六区）

重庆市境内，嘉陵江古称"渝水"，全长约 152 公里，嘉陵江水系重
庆境内水库总 505 座，总库容共计 68621.36 万立方米。进入重庆境内，从
合川区有渠江、涪江汇入，继续流经北碚区、沙坪坝区、渝北区、江北区、
渝中区，在渝中区朝天门汇入长江。由于流域地势北、西、东较高，向东
南倾斜，因此河道自西北流向东南。

在北碚区境内，全长 45.1 公里，有龙凤溪、黑水滩河和明家溪等支流。
北碚有文献记载，最高洪水位 213.99 米（1870 年，吴淞高程，朝阳街道
正码头庙咀），最低枯水位 172.01 米（2007 年，白庙子）。水系丰富，
全区共有 11 座农村小水电站，总装机 5180 千瓦。

在重庆北部，后河流入嘉陵江后，经过区境西南边界。

在重庆江北区，石马河街道梁沱嘉陵江汇入，流域面积 38.9 平方公里，
长 18.8 公里。

在渝中区，在化龙桥滴水岩嘉陵江流入，向东流经李子坝、牛角沱，
在朝天门与长江汇合。

---

[1] 广安市志志编纂委员会：《广安市志 1993—2005》（上），中央文献出版社 2012 年版。

第二节　嘉陵江流域自然资源与生态环境

一、生态区位特征

嘉陵江流域具有较重要的区位优势，因为其优越的自然地理位置，西北、西南、中部地区文化及经济联系的纽带，是沟通陕西、甘肃、四川川水上交通大动脉以及重要的经济文化分布地带。位于陕西段和甘肃段的干流有较多的分布广泛的保护区，以森林与野生动物保护区两种类型为主；而中下游地区保护区数量较少，尤其是重庆市，其国家级自然保护区仅有1处（见表3-3）。

表 3-3　嘉陵江流域生态环境情况

	自然保护区数量	主要保护对象
甘肃	12个（2个国家级和10个省级）	动植物（大熊猫、川金丝猴、珙桐等）、森林生态系统
陕西	1个（省级）	大熊猫、林麝
重庆	1个（国家级）	亚热带森林生态系统
四川	4个（2个国家级和两个县级）	大熊猫、鹭鸟、湿地生态系统、森林生态系统

根据表3-3,保护区数量很多在嘉陵江上游地区,有丰富的动植物资源,在中下游保护区数量非常少。因为嘉陵江上游多数是山区,森林覆盖率平均在40%以上,有些地区（如广元市）,其森林覆盖率甚至在50%以上。因为这里降雨量普遍较大所以洪灾、泥石流频发。因为灾害频繁,政府部

门已在嘉陵江流域内建成 2280 处水利工程来引导和控制水流。

二、流域自然资源分布

嘉陵江流域是长江上游的一条支流，流经陕西、甘肃、四川、重庆三省一市。陕西省凤县北部的秦岭北麓是干流的发源地，一直向南，经过甘肃进入陕西，在阳平关以南汇入四川省，广元、阆中、苍溪、蓬安、南充、南部、武胜都是其流经地，支流流经绵阳、遂宁、达州等地市，然后通过重庆市合川、北碚，汇入长江的位置是渝中区朝天门。四川省内河段沿线汇入的支流有白龙江、东河、西河、巴河等，重庆的渝北、潼南、北碚、合川、江北，四川的广元、巴中、南充、阆中、武胜、遂宁、绵阳、广安、华蓥、达州、万源、江油等市（区、县）是包括在内的行政区。

嘉陵江流域面积 159800 平方公里，四川境内（含涪江、渠江）面积为全流域面积的 63.8%，共 101920 平方公里。干流全长 1132 公里，是长江支流中流域面积最大，流量仅次于岷江的大河。广元市元坝区昭化镇以上为上游，河道长约 380 公里，秦岭大巴山区是河流的流经地，河谷窄河岸陡峭，有很少的人口耕地；昭化到合川是中游，河流全长约 645 公里，自然落差为 284 米，平均比下降 0.44‰，河流流经四川盆地中部，在这之中，深丘区是广元至苍溪，河谷狭窄，阶地稀少；浅丘区是苍溪到合川，河谷加宽，发育河曲、阶地。下游河流是重庆合川到朝天门，全长 95 公里，水位下降 27.5 米，平均比下降 0.29‰。河道在下游河段较为顺直，水势平缓，河流向东横切华蓥山脉后两岸山峦重叠，峡谷深邃，河谷明显束窄。两岸阶地发育，属川东弧形褶皱带。历年平均水资源总量为 698.8 亿立方米，在这之中，地表水资源量为 698.8 亿立方米。

嘉陵江流域有丰富的水资源流域，但是在时空中分布不均。用水量伴随着经济社会的发展增长很快，凸显了旱季用水矛盾。为了实现水资源的合理配置，维系良好生态环境，推进水资源可持续利用，保证流域经济社会的可持续发展得到，按照《中华人民共和国水法》，2016 年 7 月 20 日长江水利委员会商重庆市、四川省、甘肃省、陕西省人民政府，颁布了《嘉陵江流域水量分配方案》。以下是分配意见：

嘉陵江流域地表水在 2020 水平年年平均分布为：陕西省 1.17 亿立方米、甘肃省 4.99 亿立方米、四川省 88.35 亿立方米、重庆市 20.79 亿立方米。

嘉陵江流域地表水在 2030 水平年年平均分布为：陕西省 1.26 亿立方米、甘肃省 5.98 亿立方米、四川省 95.02 亿立方米、重庆市 22.68 亿立方米。

嘉陵江流域不同来水情况下各有关省（直辖市）水量份额，由长江水利委员会会同有关省（直辖市）水行政主管部门，根据嘉陵江流域水资源综合规划成果、河道外地表水多年平均水量分配方案，结合嘉陵江流域水资源特点、来水情况、区域用水需求、水源工程调蓄能力及河道内生态用水需求，在嘉陵江流域水量调度方案中确定。考虑生态和下游生活、工业、灌溉、航运等用水需求，确定亭子口、武胜、北碚、小河坝、罗渡溪等 28 个断面最小排量控制指标，如表 3-4 和表 3-5 所示。

表 3-4 嘉陵江流域主要断面最小下泄流量控制指标

断面名称	最小下泄流量（立方米/秒）	断面名称	最小下泄流量（立方米/秒）
白水街	83.9	太安	2.18
白水江	4.15	达拉沟川甘	1.4
成县	1.08	肖口河陕川	2.15
亭子口	124	毛坝河	1.85
武胜	188	罗渡溪	61.9
燕子河甘陕	2.87	河口（州河）	1.74
江洛河甘陕	0.82	铁溪	0.91
北碚	327	河口（大通江）	1.68
谭家坝	6.26	青峪	2.22

续表

断面名称	最小下泄流量 （立方米／秒）	断面名称	最小下泄流量 （立方米／秒）
大滩	16.9	文县	7.24
五马河甘陕	0.209	三汇	35
东风	1.12	潼南	85.8
白云	6.15	小河坝	87.1
茨坝	1.86	三磊坝	85.1

表 3-5　嘉陵江流域主要断面下泄水量控制指标 单位：亿立方米

控制断面	2020 水平年			2030 水平年		
	多年平均	75%	95%	多年平均	75%	95%
三磊坝	93.00	88.35	56.95	82.43	78.18	46.93
白水江	14.98	/	/	14.69	/	/
罗渡溪	199.09	127.16	128.39	196.39	126.43	126.83
亭子口	186.72	145.77	63.68	175.67	135.01	53.20
武胜	257.42	177.08	111.42	244.19	163.96	99.24
北碚	584.47	444.64	389.97	568.96	429.30	375.05
谭家坝	12.91	8.07	6.19	12.78	7.91	6.07
白水街	79.07	/	/	69.02	/	/
大滩	49.31	/	/	48.39	/	/
茨坝	5.96	3.10	/	5.87	3.00	/
三汇	97.56	61.13	61.68	96.14	60.49	60.70
小河坝	150.19	123.60	64.67	151.59	123.30	64.56

三、流域经济发展与区情特点

农业在嘉陵江上游地区经济中居主导地位，粮食种植、家禽养殖等包含在内。除此之外，上游矿业也快速发展，在发展区域经济中渐渐起到了引导作用。农业与工业是中游的主要产业，其中粮食种植与禽畜养殖是农业的主要产业，机械、毛纺与电力是工业的主要产业。主要的粮食产区及工矿区在下游，这里有发达的农业与工业，并且相比之下教育行业发展也较好。具体的嘉陵江流域经济情况见表3-6。

表 3-6 嘉陵江流域主要区域发展水平数据
（单位：万人；亿元；元；%）

	人口	GDP	人均 GDP	城市化率
甘肃两县	27.46	59.18	21551	38.56
陕西三县	61.69	250.02	40528	47.20
广元	267.50	941.85	35262	47.20
巴中	331.92	754.29	22715	43.35
南充	643.50	2322.22	36073	49.72
广安	325.10	1250.40	38522	43.30
达州	574.10	2041.50	22995	47.14
遂宁	318.90	1345.73	42115	51.52
绵阳	487.70	2856.20	37454	54.13
重庆六区	682.25	6844.44	100321	66.80

注：（1）本表数据根据四川省7个市2019年国民经济和社会发展统计公报计算而得，人口按2019年常住人口计算；陕西省、甘肃省和重庆市统计年鉴（2019年）计算而得，人口按2019年常住人口计算；

（2）陕西三县指凤县、略阳县、宁强县；甘肃两县指徽县、两当县；

（3）重庆嘉陵江流域的六个区分别是合川区、北碚区、沙坪坝区、渝北区、江北区、渝中区。

根据以上对比，经济发展情况，嘉陵江上下游有很大的差别，突出体现在 GDP 上，阶梯性是嘉陵江流域经济发展的特点。在上游，人口稀少，经济发展水平不高，城镇居民人均 GDP 大多约为 30000 元。由于在上游建立多个自然保护区，有利于对上游生态环境进行保护，但很多地区经济发展的时机被错过。相比上游，中游经济水平相对发达，城镇居民人均 GDP 在大部分地区超过了 35000 元。嘉陵江全流域内的经济发展水平，下游的部分县区是最发达的，也是川渝地区经济发展的主要地区。这些地区为了发展经济，日益提高对水资源的需要，上游保护生态的程度对其经济发展的重要性也越来越大。流域经济的区域特征在嘉陵江流域也有体现，突出表现在以下三个方面：

第一，嘉陵江流域的区域发展差异显著（见表 3-6）。流域内上、中、下游具有阶梯性差异，具体而言，从上游地区到下游地区，经济发达程度呈阶梯状提高，下游地区的产业发展水平明显高于上游。并且，流域内地区之间的发展差距大，部分地区为经济发达区。各地的区位对发展影响明显，地处成都经济区的绵阳、遂宁以及在重庆一小时经济圈范围内的重庆六个区，有发达的交通和产业，南充、广安发展历史悠久，与重庆毗邻，具有良好的发展基础。这些城市处于局部发展状态，然而整体发展并不理想。但是经济发展水平上，地处嘉陵江流域东北部的广元、巴中、达州比较落后。从整个流域来看，紧邻成都、重庆和部分中心城市的经济发展水平情况相对较好，川东北经济区相对落后（见图 3-2）。流域内各个城市经济发达程度差异大，会阻碍流域的全面发展，嘉陵江流域发展的重要内容是大力发展嘉陵江流域内较落后区域的经济。

第二，我国西气东输重要组成部分是嘉陵江流域，这里是一个天然气资源丰富、其他资源充足的地区。绿色资源、红色资源优势突出，流域综合规划范围内包括森林、农业、草原及草甸、湿地、城镇/村落生态系统五大生态系统。

第三，嘉陵江流域的部分区域是多省交汇、革命老区、秦巴山区、生态屏障聚集的特殊地区，经济水平不发达，在成渝经济区中属于发展较为落后的地区。与井冈山、临沂、百色等老区有相等地位的川陕革命根据地是这里所指的革命老区；秦巴山区连片贫困地区还有老区中的特困户现象是所指的贫困山区；大多数地区在长江上游生态屏障及国家级秦巴山区生态多样性区域中森林覆盖率超过 40% 是所指的生态敏感地区；秦巴山地灾害区、川东暴雨区、川中夏旱伏旱交替区是灾害频发区。

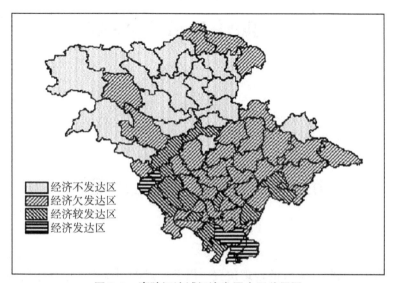

图 3-2 嘉陵江流域经济发展水平差异图

第四章 嘉陵江流域生态治理
现状及问题分析

第一节 嘉陵江流域治理现状

考虑到嘉陵江关键的地理位置，以及在发展川渝地区经济中的决定性地位，在嘉陵江流域建立跨省生态补偿机制的需要愈加迫切。然而，四个省及直辖市、多个地级市与县包含在嘉陵江流域中，不同的部门与企业负责管理不同地区的水资源，甚至还有若干部门与企业协作管理某些事情的情况，管理系统的内部关系十分繁杂。所以，明确这些关系对跨省建设生态补偿机制，统一管理嘉陵江流域水资源十分必要，由于需要沟通各部门与企业间的利益关系，导致嘉陵江流域还没有健全的生态补偿机制，这也恶化了嘉陵江流域的水环境。嘉陵江流域的有关省市针对这些原因对流域水质的监测加大了力度，在中下游的四川省和重庆市已建立了生态补偿机制。

一、四川省的嘉陵江流域治理

老池、西湾水厂、清风峡、香山、丰谷、沙溪、西充河、清泉寺、烈面、江陵、大洪湖离家、幺滩、清平、西来寺、大安、石溪浩、巴中枣林村、赛龙、凉滩、罗江以及化工园区这 21 个地区是四川省内的嘉陵江流域监测断面。嘉陵江流域的水质由这些监测断面负责监测，相关信息每周汇总，流域生态环境当月监测情况的报告由四川省环境监测总站向四川省环境保护厅每月上报。最终统计的水质监测结果会直接关系流域内各县市地区获得的生态补偿金额，是构成嘉陵江流域生态补偿机制的关键成分。

2016 年 6 月 1 日起开始执行《四川省"三江"流域水环境生态补偿办法（试行）》（以下简称《办法》），保护"三江"（岷江、沱江和嘉陵江的统一名称）和治理流域水污染的力度加大。《办法》规定基于水质监测断面的情况，省财政每年和市、县级财政结算。并且《办法》关于处罚污染的力度也得到加强，如对排放氨氮、高锰酸盐等污染物者，增加处罚，扩大指数的核算基数。

自 2017 年，关于嘉陵江流域监测断面水质周报四川省环境监测总站发布了共 10 次，根据统计数据，近期嘉陵江流域在四川境内的水质状况可以被清晰了解（见表 4-1）。由《地表水环境质量标准》可知，我国水质分为五类，包括Ⅰ、Ⅱ、Ⅲ、Ⅳ、Ⅴ、劣Ⅴ。其中Ⅰ级水质最高，依次递减。根据该标准，在四川省境内嘉陵江的水质自 2017 年有着不同程度的污染，只有 5 个监测段保持了一级标准，所以需要不断提高流域水质。

表 4-1　四川嘉陵江流域水质情况统计
（2016 年 12 月 26 日—2017 年 3 月 5 日）

断面名称	Ⅰ级	Ⅱ级	Ⅲ级	Ⅳ级	Ⅴ级	劣Ⅴ级
广元入境（清风峡）	7	3				
广元出境（沙溪）	5	5				
遂宁出川（老池）			10			
西湾水厂	10					

断面名称	Ⅰ级	Ⅱ级	Ⅲ级	Ⅳ级	Ⅴ级	劣Ⅴ级
南充控制（清泉寺）	10					
西充河		7	2	1		
南充出境（烈面）		10				
大安			1	7	2	
石溪浩	10					
绵阳控制（丰谷）			10			
绵阳出境（香山）		4	6			
巴中枣林村	10					
巴中出境（江陵）	2	8				
大洪湖黎家			10			
幺滩			8	1		1
清平		10				
西来寺	10					
罗江	9	1				
化工园区		1	7	2		
广安出川（赛龙）		5	5			
达州出境（凉滩）		9	1			

来源：四川省环境监测总站。

二、重庆市的嘉陵江流域治理

水质对重庆市这一拥有雄厚水资源地区的经济社会发展至关重要。重庆市处于嘉陵江流域下游，为了实时监测嘉陵江水质，重庆也设立了若干水质监测点。2016 年 3 月，水质信息共享平台在重庆市和嘉陵江上游地区各地政府的共同努力下建成。该平台能够提前 48 小时获取上游水质信息，使重庆市监控上游地区（最远至南充市）水质的可能性变大，对紧急情况如水质污染等应对能力得到提升。重庆市设立 47 个监测断面来对嘉陵江流域水质进行监测。由重庆市生态环境监测中心发布的《2016 年重庆市环境监测质量简报》，总的来看，嘉陵江流域水质较好，见图 4-1。

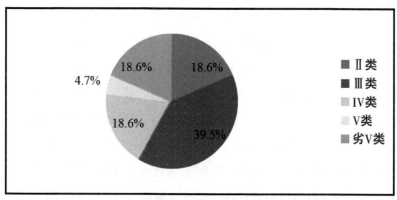

图 4-1　重庆市嘉陵江流域水质情况（2016 年）
来源：《2016 年重庆市环境监测质量报告》

重庆市既对嘉陵江流域水质严密监测，并且还按照规定，处罚水质未达标准的地区政府及企业，令其按规定在相应限期调整改善，此外奖励及表彰水质达到标准的上游政府及企业。

三、陕西省和甘肃省的嘉陵江流域治理

陕西省与甘肃省也已采取措施对嘉陵江流域造成的损失进行补偿。例如，陕西省将生态补偿的范围与标准逐渐加大，使嘉陵江流域生态补偿制度的执行更有效。

陕西省成立了生态补偿专项监管小组来保证生态补偿能够及时分配到农户，严格监管不同地区支付生态补偿的情况。陕西省在 2009 年完成了包含治理嘉陵江在内的《陕西省流域综合规划》；在 2016 年完成了陕西省略阳珍惜水生动物国家自然保护区嘉陵江旅游基层保护站的建设并在实

践中应用，为 1300 公顷的嘉陵江流域保护区生态保护与水生动物的安全保卫提供了前提。

甘肃省"两江一水"的治理规划主要体现了甘肃省治理嘉陵江的措施，"两江一水"的治理规划在 2013 年被国家批准，取得治理资金 321 亿元。嘉陵江的上游白龙江、白水江、西汉水被称为"两江一水"，所以治理"两江一水"与治理嘉陵江有着直接密不可分的联系。

2015 年 11 月 23 日，甘肃省陇星锑业有限公司因溢流井发生垮塌事故，致使尾矿浆进入其尾矿坝下游的太石河内，在流经甘肃省康县后进入陕西省略阳县境内西汉水流域。事件发生后，甘肃与四川两省及时沟通情况，汉中市政府领导赴甘肃主动衔接应急工作，及时建立略阳监测信息共享群，并确定专人采取微信群发方式及时向甘肃、四川通报各省监测数据、水文信息和污染处置进展情况，做到信息共享，形成应急治污工作合力。在各级人民政府积极应对、全力组织开展应急处置工作的情况下，2015 年 12 月 26 日 6 时起，嘉陵江陕西境内全段锑浓度稳定达标。2016 年 1 月 28 日 20 时起，西汉水河陕西境内锑浓度稳定达标。

第二节　嘉陵江流域面临的生态及治理问题

嘉陵江流域资源丰富，为流域区的经济社会发展做出了巨大贡献。但是，流域内的生态问题逐年加剧，严重影响了地方的经济社会发展。

一、水土流失严重

嘉陵江流域内有两个水土流失严重的地区：一个是上游甘肃和陕西境内的黄土区，该区土质疏松，易被侵蚀；另一个是中下游四川盆地中部丘陵区，该区多易被风蚀的紫红色页岩，因为当地过度耕垦，导致严重的坡面侵蚀。嘉陵江流域水土流失面积 79445 平方公里，占土地总面积的 49.65%。强度以上流失面积为 29668 平方公里，占流失面积的 37.35%。平均年土壤侵蚀量 3.03 亿吨。流域内造成水土流失的原因主要为水力侵蚀，严重的水土流失会导致河流内泥沙量增加。水土流失主要分布在西汉水、白龙江、嘉陵江中游上段和渠江流域。因为嘉陵江流域大致呈扇形，洪水会向心汇流，加剧涨势，易发生严重的洪灾。

二、水质污染较为严重

嘉陵江四川境内的 12 条重点小流域中，东河、南河（广元市中区段）、白龙江、清江河、西充河（嘉陵区段）、梓江河（射洪段）、州河（万源段）水质能达到水域类别Ⅲ类要求；南河（广元元坝区段）、西充河（西充县、顺庆区段）、凯江、郪江、琼江、巴河（达州、通川、宣汉段）、州河、清溪河不能达到水域类别要求。嘉陵江 30 个控制单元水质情况为Ⅱ类（2 个，占总数的 6.6%）；Ⅲ类（12 个，占总数的 40%）；Ⅳ类：（12 个，占总数的 40%）；Ⅴ类（1 个，占总数的 3.3%）；劣Ⅴ类（3 个，占总数的 10%）。

三、工业发展带来的流域生态不可逆

嘉陵江流域沿岸分布着 58 个城镇县（市），许多沿江城镇的生活垃圾倾倒入嘉陵江干、支流，而城市生活垃圾无害化处理厂建设严重不足；大坝电站建设，甚至沿岸企业的工业污染严重。站在已经建成的沿岸大坝上，时常可以看到漂浮而下的垃圾在江中汇聚成团，而电站工作人员通常是把这些垃圾打捞上来，又倾倒在沿江两岸。据不完全统计，每年打捞的漂浮垃圾需要 300 余辆（次）载重卡车装运。兴建的大坝挡住了垃圾的去路，挡住了鱼类的去路，也减缓了水流的速度。与此同时在大坝下方，江水顺着人工引流洞流走，形成了数公里至数十公里的干脱河段或是半干脱河段，这里原有的生态系统发生了不可逆的变化。在大坝上方，库区的水面抬升，原有的河滩湿地系统淹没了，往日河滩上繁茂的芭茅林逐渐从人们的视线中消失，必然造成水体自净能力的下降。

四、流域综合治理困难重重

嘉陵江流域跨4个省（直辖市），其干、支流沿岸分布着58个城镇（市、县、镇），对于水资源的管理涉及多个政府部门和经营实体，部分涉水事务由两个或两个以上政府部门和投资业主分头管理。这种"分部门管理"使水资源统一管理长期难以实现，管理体制的混乱严重影响了水资源的优化配置和保护管理。

第三节　嘉陵江流域跨省生态补偿的现实问题

为保证水资源利用量在流域内总量控制配额范围内，或者污染排放符合跨界断面考核标准时，即为了给下游供应充足且优质的水源，上游地区的很多发展机会被错过，此外在生态与环境保护方面增加了很多不必要的成本，那么面对上游提供的超过标准的水资源生态服务，下游应该给予相应的补偿。但是，当水资源利用量在流域内大于相应总量控制标准时，或排放高于跨界断面的评价标准时，不仅会增加下游的污染控制成本，还可能对下游造成直接的经济损害。此时，上游应支付超标治污费用给下游，并赔偿对下游地区造成的损失。补偿与赔偿都是为了使流域内各地区拥有更加公平的利用水资源的权利，这种双向补偿方式在流域生态补偿中是对上下游因环境保护而造成的损失进行补偿的一种方式，实现了上下游经济与环境效益之间的平衡，并且对流域持续健康发展有一定的推动作用。

一、缺少统一的跨省补偿标准

根据四川省与重庆市的公开宣传，嘉陵江流域生态补偿机制大体上已完成，然而受政府间相互利益冲突的影响，在发放与评估生态补偿的标准上，四川省与重庆市各自实施自己的标准。此外，中央还未对补偿标准进行明确规定，导致地方在实施过程中，没有统一的补偿标准，实施补偿仅仅是基于国家有关政策法规的基础上，结合地区的现实情况，导致不能以一致的标准建设嘉陵江流域生态补偿机制，使上游保护水资源和生态环境的积极性受到打击。

例如，四川考核嘉陵江流域生态补偿的标准是总磷、氨氮、高锰酸钾指数增加，以此达到控制其在嘉陵江流域内超标的目的。完善原有流域生态补偿指标体系，可以让嘉陵江流域在四川省的实际的水质情况更充分地被考虑到，有利于减少污染物。然而，对陕西省、甘肃省这两个位于嘉陵江上游的县市，很难实施这一考核标准。原因是四川省使用的生态补偿标准会使得保护地方生态的成本增高，但是某些地方政府受自身经济发展水平的影响，对高昂的生态补偿金无力承担，这会给地方财政带来很大的负担。地方政府在缺少流域生态补偿统一标准时，只可以在自身财政的基础上制定一定的标准补偿嘉陵江流域。企业和个人保护生态的积极性会受某些地方过低的生态补偿标准影响，不利于嘉陵江全流域的生态保护。

二、发放生态补偿金不到位

在实践中常发生发放生态补偿金不及时或不到位的现象，这是因为发放生态补偿金没有专门的管理部门。四川省及重庆市政府虽然每年都按时发放生态补偿金，然而因为监管的缺失，地方政府往往会有各种托词把补偿金挪作他用或推迟发放，这种现象的后果是不能补偿下一级政府、企业及个人对生态建设成本的投入，并且也会对下年建设与保护生态环境产生影响。因为生态补偿金在某些地区一直未及时发放，使在嘉陵江上游的政府、企业、个人保护生态的积极性受影响，不能保护他们的合法权益，这种情况持续下去非常不利于嘉陵江下游的发展。为保证生态补偿金及时发放到位，迫切需要设置嘉陵江流域生态补偿金管理的专门制度。

三、发挥政府职能不到位

多个补偿者及受益者在建设跨省流域生态补偿机制中被涉及，但是不同地区的经济发达程度存在较大的差异，各地方政府的财政能力也有很大区别，所以在生态补偿计量标准和金额的确定上有很大的争议及冲突。落实嘉陵江流域生态补偿机制会直接受到这些问题是否被妥善解决的影响。而且，要处理这些问题不能仅仅依赖各级政府补偿嘉陵江流域生态保护，还需要中央发挥政府职能。

第一，中央政府应在嘉陵江流域各省份间积极沟通和协调生态补偿金额等双方十分关心的问题，寻找双方都接受的补偿方式，督促合约的签署，以保证两者可以严格执行协议内容，奠定嘉陵江流域生态环境保护的基础。然而，中央政府还未介入目前协调嘉陵江流域各省间的关系，使得生态补偿在嘉陵江的很多地区还未进行。

第二，中央政府应划拨专门建设嘉陵江流域生态补偿机制的资金。因为就财政收入能力而言，嘉陵江流域的不同地方政府有很大区别，支付生态补偿金对高财政收入的政府相对轻松；但是对部分低财政收入政府而言比较困难，会有较大的负担。然而，现阶段嘉陵江流域生态补偿机制缺乏中央政府的资金支持，因为很多地方政府无法支付生态补偿金，不能及时发放生态补偿金至每户，使嘉陵江上游保护生态的积极性受到打击。

第三，为了给不同地区提供实施生态补偿的依据，中央政府应该组织专家讨论研究设立统一的生态补偿标准系统。但是，中央政府未颁布统一的流域生态补偿标准，所以建设跨省流域生态补偿机制受制于嘉陵江各地方不统一的生态补偿标准。

第四节　嘉陵江流域跨省生态补偿的核心问题

环境良好的流域能够给周围地区提供优质水源、调节地下水位、调节流量和气候以及保护生物多样性等益处，尤其是上游地区良好的生态环境给下游提供了多种生态服务功能。然而，在流域上下游涉及许多利益相关者，流域上下游自然环境与社会环境相互作用，上游向流域提供生态服务价值。流域下游情况复杂，补偿的依据和规范都很难确定。所以，流域生态服务补偿的原则、对象、范围、规则和立法等重要内容必然属于嘉陵江流域生态服务补偿的关键问题。

一、流域生态服务补偿的原则

流域补偿的基本前提条件是遵守流域生态服务补偿的原则。在流域生态补偿问题上，要坚定谁开发谁保护、谁破坏谁恢复、谁受益谁补偿、谁污染谁付费的前提。确保政府引导市场规范，共建共享，发展共赢，应补就补，奖惩分明，试点先行，以点带面。同时，还应坚持以下三条原则。

（一）公平性原则

公众的环境权和发展权都应该是平等的，我们不应该让一些地区成为整个流域的廉价原材料的库存地，使它们始终处于流域区域的产业和利益结构的下边缘。因此流域的整体发展若真的表现出地区分工的需要，就有必要以公平的原则来平衡。只有综合考虑公平性和受益人对支付主体的充分补偿，才能激发源头或上游地区保护生态环境的积极性。此外，整个流域都应关注流域开发的利益，因为流域内所有分享流域开发红利的成员都必须是以其对流域整体发展的贡献为依据的。所以，把环境外部不经济性内化及寻求再分配财富的手段是流域补偿，解决流域上下游保护的公平问题是核心问题，应在充分考虑公平性的基础上制定相应的补偿政策。

（二）发展性原则

如果生态补偿规划操作成本过高，那么就会难以持续实施，长期施行甚至影响社会和经济的发展，不具发展性原则。因此，为了确保生态补偿的发展和有效性，应结合长短期效应。构建以生态产业为基础的产业结构，健康发展当地流域对流域生态保护商业化、产业化发展起到的促进作用。

（三）可操作性原则

流域保护最终是否实现的基础是可操作性，具体体现为完善立法、制定补偿标准和管理。为了流域生态补偿具有可操作性，需要流域的相关政府及相关主体严格循序渐进去建设完善生态流域补偿机制，才能真正解决当前的实际问题。

二、流域生态服务补偿的对象及范围

由于生态服务有突出的外部性，应当按照生态服务的提供者和受益者、生态服务提供者的类型和他们应该得到的补偿的类型、核心和边际受益者和他们应该提供的补偿的顺序加以明确来实施生态服务补偿政策。这三方面如何确定，本书在把握流域生态补偿关键技术时再作详细论述。

三、流域生态服务补偿的规则及立法

建立基本规则是实施政策的需要，所以从补偿的原则、标准、执行规范等角度实行流域生态服务补偿立法可以为实施流域补偿政策提供最直接的依据。2010年10月，由国家发展和改革委员会、四川省人民政府和亚洲开发银行主办的生态补偿立法与流域生态补偿国际研讨会，是2010年1月国务院将《生态补偿条例》列入立法计划后，由主持条例起草部门召开的第一个以生态补偿及其立法为主题的大型国际研讨会，会上中央政府表达了我国建立生态补偿机制的愿景和路径，地方上总结了生态补偿实践经验，专家探讨了生态补偿及其立法中的技术性问题。

第五节　嘉陵江流域跨省生态补偿的关键环节

伴随着工业化和城镇化在嘉陵江流域迅猛发展，流域内不时发生跨区域水污染情况，因此流域生态补偿的关键环节的重视和管理有必要加强。可以着重从以下几方面进行思考：

一、识别流域生态补偿类型

主要依据流域特征来识别和判定流域生态补偿的类型。根据流域的主要功能，有三种类型，主要为江河源头水源涵养区、集中式饮用水源地和跨行政区域河流生态补偿。但是在具体实施中，这种细分是相对的，不能完全区分。根据流域的范围主要可以分为省内跨市的生态补偿问题和跨省的生态补偿问题，如嘉陵江流域就属于跨省的流域生态补偿问题。跨省流域又细分为二至三个行政区规模和大江大河规模。按照在流域内突出的环境和发展问题，主要可以分为保护清水、发展经济和发展经济、有效治理污水两个方面。这就既包括下游给上游提供补偿也包括上游给下游提供补偿。

二、确定流域生态补偿目标

实施生态补偿的目的是促进流域上下游水环境质量改善、建立联防联控机制的重要经济政策。党的十九大提出2035年实现美丽中国的奋斗目标，流域管理的理论、方法和技术都需要满足更高的要求，流域管理需要从水质、水量、水生态三水统筹转变。

转变的切入点选择以跨界断面水质目标评估为基础的流域生态补偿，采取设置跨界断面水质目标绩效评价体系的方法，参照上下游出口断面水质达到标准的情况、发展机遇效益及水生态价值、水污染治理成本，使流域水质目标考核行政和经济双重约束机制得以强化，建立健全水质达标奖罚和水质超标补偿机制，鼓励上下游流域水生态环境和质量联合进行保护，以实现流域和谐可持续发展的目标。如财政部、环保部 2011 年正式把新安河流域水环境补偿列作全国首个跨省大流域水环境补偿试点。主要是以"明确责任、各负其责，地方为主、中央监管，监测为据、以补促治"的原则为基础，决定新安江流域水环境补偿基金由中央财政和安徽省、浙江省联合设立。2012 年以来，新安江跨界段水体监测工作第一次由安徽省黄山市与浙江省淳安县联合开展，这意味着全国第一个跨省水环境生态补偿试点项目已经进入实际运行阶段。目前，两地均已完成水质采样和实验室比对分析，按规定程序将监测数据上报给中国环境监测中心。根据评估结果，如果在上游的安徽提供了质量超过基本标准的水，在下游的浙江会补偿安徽；但是，当安徽提供了质量低于基本标准的水，则安徽补偿浙江。

三、掌握流域生态补偿关键问题

对流域生态补偿的利益相关者进行识别、选择合适的流域生态补偿方式、流域生态补偿标准的确定等是流域生态补偿的关键问题，这些都需要解决。

（一）流域生态补偿利益相关者的识别

流域资源的所有者、使用者和管理者是流域生态补偿的利益相关者。流域生态补偿支付方有地方、省和国家不同的层次，根据资源和生态效益的影响范围而定。同样，在不同程度上的补偿需要执行不同的方式或机制。减少生态破坏者和生态保护者两类也能作为流域生态补偿的客体。其中，减少生态破坏者是为了维持流域上游的良好生态环境。例如，企业在选择生产品种时，只能选择无公害项目，以维护生态或因地制宜；人们应退耕还林还草，不能从事养殖业或种植业，或在经营种植业时，因避免使用化肥造成机会的错过；或由于当地政府不能开发经营旅游资源，不能吸引投资，导致财政收入的减少。保护区内水林的种植者和管理者，建设和管理上游流域的生态者和其他生态建设和管理者是流域生态的保护者。主要参与者可能是当地居民、村集体、地方政府。

（二）选择合适的流域生态补偿方式

流域的生态补偿主要包括资金补偿、政策补偿、市场和产业补偿等方式。

1. 资金补偿

因为上游努力保护水资源，流域水环境会得到改善，上游区域会成为生态建设的受益者，同时对下游地区会产生正的外部性。所以，流域下游政府和上游政府都是资金补偿的主体。流域生态补偿主要由上下游政府间共同出资补偿，上下游政府间协商交易补偿，政府间财政转移支付补偿等类别。补偿资金的来源要综合考虑政府和市场作用的特点，根据流域的实际情况而确定。从下游的角度来说，可通过调整水价的方式解决。通常，管理成本、工程成本和资源成本决定了水价，一般来说，管理成本和工程成本比较稳定，而资源成本的上升空间较大。因此，下游地区可适当提高水资源费征收标准，部分资金可划拨至流域生态补偿基金；根据当地实际情况上游地区也可适当提高水价，可将增加的部分水资源费分配给流域生态补偿基金。

2. 政策补偿

上级政府对下级政府的权力与机会补偿即为政策补偿。在受偿者职权范围内，利用政策制定中的优先及优惠之处，颁布了许多创新政策。为了推动上游经济的发展，筹集补偿资金，上级政府加大了在投资项目、产业发展、财税等方面对上游的支持力度。尤其是在经济落后、缺乏资金的地区，进行补偿时有必要利用制度和政策资源，"给政策，就是一种补偿"。这种方式特别适合嘉陵江流域在四川省内的实践，通过四川省政府出政策可以很好地实施流域生态补偿。

3. 市场补偿

推行流域生态补偿机制构建的前提包括公众对流域生态服务功能与价值的认可；流域上下游生态服务供需矛盾尖锐；产权清晰，成本效益分析结果较好；公众或政府具有制度创新意识。以流域为单位开展水污染防治是以法律形式确定的科学治水方略,伴随我国市场化进程的发展,流域生态补偿机制在我国发展的倾向是建立和实施市场补偿机制。在实践过程中,我们要在国外流域生态补偿的形式基础上一步步制定出符合我国实际情况的一对一贸易补偿模式与市场化生态标记模式。

4.产业补偿

产业梯度差异会因经济在不同区域发展不均衡而出现,最终造成产业转移,要实现流域生态补偿需要参考产业转移机制,切实落实下游补偿上游的单个产业项目的执行。把流域视为系统是进行产业补偿的要求,产业布局与资源要在流域框架内进行合适的配置,从而实现产业发展的科学有序。上游在产业发展中要树立"服务下游,就是发展自己"的观念,增强其自身的造血功能,这也是提高当地人民生活水平、缩小上下游发展差距的最优办法。壮大与发展流域上游产业,上游地区要为企业提供产业转移的优良平台,将上下游劳动密集型、高科技、资源型及低污染产业吸收整合,将会产生规模化的产业集群与工业加工区。

(三)流域生态补偿标准的确定

由于上游采取措施保护水环境会带来正的外部效应,上游地区的生态服务价值会惠及整个流域,因此对下游地区享受的生态服务价值,其应为此支付资金,通过成本核算能够确定下游应给予上游的生态补偿标准,测算包括以下四个方面。

1.以上游保护生态成本为基础确定生态补偿标准

基于上游地区为达到水质和水量标准所做的努力,也就是直接投资,投入涵养上游水源、全面改善环境污染、设置城市处理污水设施、治理农业非点源污染、水利设施修建等项目的资金被包含在内,计算以水量分摊系数及水质修正系数为基础。

2.以发展机会成本为基础确定生态补偿标准

根据流域上游因水质和水量达到标准而错失的发展机会,也就是间接投资,节水和安置移民的投入、上游居民收入的降低和有限的产业发展引起的损失等被包含在内,计算依据居民生活水平与人均 GDP。

若继续不合理地开发上游地区水资源或排放的污染物高于其总体控制标准或跨界断面评估标准，在流域下游地区便会产生损失。流域上游应补偿这些损失。水量、超标时间、超标污染物的种类、浓度是确定补偿标准主要依据。

3. 以跨界断面水质水量为基础的核定生态补偿标准

依据整体区划流域和对流域水量、水质变化状况的了解，可以制定关于开发利用水资源的总量控制标准和有关水质考核、跨界断面水量标准。在这基础上考虑在开发利用与保护流域水资源的过程中的补偿与赔偿。除此之外，补偿标准由处理多一级的污染物所需付出的处理费用、水质监测值及目标值的差和水量计算得出。

4. 以水污染经济影响损失函数为基础的生态补偿标准核定

根据超标排放污染物使受偿区受影响，结合其对受偿区经济产生的影响，确定造成污染的补偿区应承担对各水污染受偿区损失赔偿。利用水污染模型、水质模型等经济损失模型，确定补偿总量和各地区应支付的补偿量。

第六节 嘉陵江流域生态补偿问题的原因分析

一、法律原因

有关法律法规缺失是引起嘉陵江流域生态补偿机制存在许多问题的首要原因。现阶段，因为有关法律法规在中国还未制定，使不同省市不能依据一致的法规来执行生态补偿。在这种情况下，因为缺乏有关法律法规，使得各省市政府的权利与义务不能确定，各省协商不能有效进行，在保护嘉陵江流域生态环境中无法做出自己的贡献。

因为没有统一的法律法规可循，省际协商很多时候会因为意见分歧而不能继续。如我国《环境保护法》虽然明确各级政府应该负责该地区的水环境，且积极为保护该地水环境做出努力。然而，在下游必须向上游支付生态补偿金额上此法律并未明确规定，也就是下游政府在法律上没有义务向上游政府支付生态补偿，完全由各省政府协商来确定支付生态补偿金，但如果协商失败，无法发放生态补偿金就会对企业及个人保护流域环境的积极性产生恶劣影响，大多数保护环境的项目也会被阻碍，不利于建设嘉陵江流域生态补偿机制。

二、经济原因

从流域经济发展与区情特征可以看出，嘉陵江下游各地区的经济发展状况不一样，发展水平越高的地区，生态补偿的偿付能力越强，而发展水平较低的区域，地方财政会因为支付补偿金而带来巨大负担。因此，经济发展水平不同是嘉陵江生态补偿机制建设存在问题的根本原因之一。

建设嘉陵江流域生态补偿机制很大程度上受经济原因的影响，确定生态补偿额度的难度变大。如果额度太低，因上游保护生态对下游产生的正外部性无法有效体现，生态补偿的公平及公正也不能突出；如果额度太高，会加大各省和地方政府财政负担，不利于正常的经济发展与建设管理工作的进行。

三、 机制原因

机制不完善是嘉陵江流域生态补偿机制存在问题的一个主要因素，需要完善很多地方。

首先，缺乏专门的管理机构。目前，因为省级政府和地方环境保护部门负责嘉陵江流域生态补偿机制，缺乏专门的人员及机构考察其实施状况与调解各省间的冲突，造成跨流域生态补偿机制的建设工作很难进行。

其次，缺乏监管。各级政府并未严格监管生态补偿机制的执行情况，使部分地方政府对于保护嘉陵江流域生态积极性不高。除此之外，因监管不严而导致挪用生态补偿款事件频繁发生。

再次，跨省沟通协调缺乏时效。因为缺乏省际协调机制，在实际补偿中出现的问题不能及时在各省政府间协商，使问题处理的效率降低，造成一定的经济损失，不利于不同地区的经济社会发展。

最后，单一的流域生态补偿模式。现阶段，政府资金补偿是嘉陵江流域生态补偿的主要方式，优势和劣势明显。其优势在于，企业、个人、组织因建设及改善生态环境的成本可以凭借政府财政直接分配补偿金而弥补，此外也可以切实体现保护与建设流域生态环境的价值。其劣势在于：第一，由于每年政府需要大量的资金支付嘉陵江生态补偿，政府财政的负担更大；第二，政府支付的生态补偿金因为有限的财政支出受限，不能充分补偿企业、个人付出的成本，长此以往，企业、个人保护及建设流域生态环境的积极性会降低。

第五章　国内跨省流域生态补偿
实践及经验借鉴

　　我国对生态补偿制度的建立和实施经过了长期的摸索和创新，采取自愿与强制相结合的方式，取得了十分显著的效果，实施范围也逐渐从局部扩展到整个流域。该生态补偿模式的创新高明之处就在于，不仅没实施中央的强制补偿的制度，也未采纳实施各省之间的协商补偿模式的建议，而是将二者巧妙结合运用。中央的强制性为能顺利推行该补偿模式提供了制度保障，在各省当地政府谈判协商的过程中，又能允许第三方参与到制度实施的评估和监督。这种新颖的实施制度既能够充分关注到利益方的需求，又能充分有效地保护原有利益。值得借鉴的地方在于能有效激励各省积极主动地投入生产补偿制度的建设过程中，进行及时高效的沟通、合作，齐心协力维护该流域的生态环境。再者，生态机制的建立和实施有了第三方的投入，必定会加快所达成的协议落到实处，促进相应工程的实施，避免方案只停留在口头或纸上。

　　最近几年，出现了不少跨行政区域的流域污染纠纷。发生纠纷的根本原因是上下游之间环保责任的不对等，易发生上游排污而下游承受伤害的情况。很多学者都在不懈地研究如何破解跨行政区域的流域环境这一难题。流域水环境治理正在告别以往权责不清的状态，尤其是多地探索流域生态补偿方案，收获颇丰。新安江流域、九州江流域、汀江—韩江流域、东江流域、滦河流域以及渭河流域等经典案例的流域生态补偿探索初见成效。

第一节　新安江流域

新安江发源于安徽省休宁县，是该省内排名第三的水系，同时也算得上是浙江最大的一条入境河流。该河流的干流长达 359 公里，流域面积有 11674 平方公里，其中安徽境内包含干流的 2/3，长 242.3 公里，流域面积 6737 平方公里。新安江是钱塘江真正的源头，称得上属于华东地区一道最牢固可靠的生态安全屏障，它的干流主要集中分布在安徽省境内。它的上游流经当地的绩溪县和黄山地区，下游则与相邻省——浙江的千岛湖（当地的主要饮用水源地）连接，凡是流经黄山地区的水流，大部分都汇入千岛湖（见图 5-1）。有鉴于此，流经黄山等上游地区的水质状况是浙江省饮用水安全的直接影响因素之一。随着长期实施的保护机制和森林建设，上游地区的归化植被指数有了明显的提高，即该地区的植被覆盖率高达 80%，土壤的保水能力也得到相应提高。另外，上游地区正是由于较多地注重生态建设和发展，没有能够及时有效地对某些产业结构做出适当的调整、优化和升级，一度失去了十分可观的发展前景，从而导致了该上游地区的经济相对其他地区发展滞后，伴随这种发展使得地区间的经济发展越来越不平衡，也就是它们之间的差距越拉越大。反而，较少的经济建设会很难拉动上游地区想要持续搞好生态保护的工程建设，放眼长远发展，也很难平衡生态建设和经济建设的共同发展。为推进生态文明建设，探索环境保护新路，黄山市于 2010 年底开始了新安江流域的生态补偿机制试点工作。

图 5-1 新安江流域示意图

一、分层次补偿

前几年，千岛湖水质富营养化现象严峻，新安江流域上游的农田化肥带来的面源污染、污水处理以及生活垃圾等都是造成湖泊富营养化的主要因素。1998 年至 1999 年，湖区蓝藻爆发，大规模蔓延。而且从 1999 年起的每一年雨季，都会有大量来自上游的垃圾冲入湖中，且垃圾的量不断增多，尤其是在 2011 年，只是汛期，从湖里打捞出来的垃圾就达到了 18.4 万立方米。

上游地区实施保护流域水质的措施，在一定程度上限制了当地发展；而下游段水质污染较严重，导致当地出现污染型缺水，制约城市发展。流域内各地区应享有同等的生存权、发展权，因此上下游要协调考虑，不能盲目追求自身利益最大化。新安江流域为此多次召开会议，多方进行沟通协调寻求能够一致同意的方案，但是效果并不明显。2009 年，环保部门拟订出《新安江流域跨省水环境补偿方案》（第一稿），随后组织召开了协调会，此次会议与会人员为浙江省和安徽省相关地区环保部门。下游地区认为"必须建立以交接断面水质达标和改善为原则的考核机制，并将其作为生态补偿的依据"，并且浙江在会后一个月与环保部沟通时提出"只有在水质达标，至少在水质改善的基础上，安徽省才能得到补偿资金"。但是上游安徽方面却表示"与其要对出境断面水质进行考核，情愿不要补偿资金"，对浙江所提予以拒绝。毗邻江浙的安徽这样的选择主要是由于巨大的经济发展差距，与杭州相比，黄山在人均 GDP 与人均可支配收入等方面存在较大差距。截至 2011 年，黄山市人均 GDP 仅占杭州市的 2/3 左右，而且黄山市的农民年人均纯收入及其城镇居民年人均可支配收入仅达到杭州市的 1/2。黄山市政府表示该地处于较低发展水平，尤其是两市的差距仍处于持续不断拉开差距的情况之中，促使加快上游地区的发展，使得差距缩小的愿望日渐强烈。

全国政协人口资源环境委员会调研组的来访打破了双方僵持的局面，推动了新安江流域跨省生态补偿的启动工作。2010 年 11 月期间，在浙江省开展了一次调研活动，全国政协副主席张梅颖率领该调研组的组员们也参与其中，明确表示对浙江省在千岛湖全流域方面提出的保护建议全都予以采纳，并且多位国家领导人对此次的调研报告做出重要批示。当月，财政部、环保部给新安江流域水环境补偿机制联合下达了 0.5 亿元启动资金。新安江流域水环境补偿试点工作于第二年 3 月正式启动，此次两部门安排了用于新安江上游水环境保护和水污染治理的 2 亿元专项资金。试点工作启动后，黄山市组建了新安江流域生态建设保护局，安徽省成立了专业化江面打捞队，沿江建设垃圾中转站、焚烧炉，在浙江与安徽交界的街口镇拆除了 5000 多只养殖网箱。

二、跨省区补偿

从 2011 年开始，由财政部和环保部联合组织实施，全国首个跨省流域水文生态补偿试点新安江流域正式实施，国家投入约 5000 万元的补偿资金启动试点机制的运行。为了完善补偿机制，特意补充分层次补偿、奖罚分明予以政策保障。浙皖两省的跨省界断面每年都会由环保部门定时进行水质监测，确保其全年能平稳居于考核的标准水质为其基本标准。2011年，两部委为制定新安江流域跨省生态补偿协议向两省征求意见时，浙江省提出了一个对赌协议。对赌协议的内容为：如果水质相比较于基本限值变好了，安徽省将会收到来自浙江省的一笔补偿资金；相反假设水质变坏了，那么安徽省则需划拨补偿资金给浙江省。在双方数年的谈话与商讨之后，在 2012 年新安江流域初步构想的补偿方案得以最终确立，并且中央及浙皖两省对这个方案达成了一致。办法实施的具体规则是：对于新安江流域试点的最开始的 3 年，由中央政府率先向安徽省资助 3 亿元专项资金用于新安江生态补偿的启动和治理。到了 3 年之后，浙江省是否接着支付 1 亿元给安徽省继续建设和保护生态环境，还得依据两省跨界流域水质的实际监测情况而定。具体来说，如果水质考核达到标准，浙江履行诺言即付给安徽省 1 亿元补偿资金；另外水质如果监测不符合标准，那么安徽省将会赔偿 1 亿元给浙江省。正是这"一亿对赌条约"的设立，才真正解决了首个跨省流域试点中生态补偿机制的关键问题。试点工作的实施，意味着我国首个跨省流域生态补偿机制试点进入实操阶段。试点启动后，上下游地区之间充分协调，建立联席会议、联合监测、应急联动、流域沿线污染企业联合执法等，统筹推进全流域联防联控。

2014 年，第一轮治理结束了，千岛湖水质得到改善，营养状态出现了拐点。为全面保护新安江和千岛湖的生态环境，建立了全国首个跨省流域生态治理的长效机制。2015 年，开始了第二轮试点，安徽、浙江两省为了保证提高水质考核标准 7%，将出资额度增加到 2 亿元。到 2017 年底，会持续深化生态补偿治理效应。

2018 年 4 月 14 日，各位专家经过一系列的评估审核，最终一致通过了《新安江流域上下游横向生态补偿试点绩效评估报告（2012—2017）》，标志着我国首个跨省流域生态补偿试点验收合格。根据该报告分析，浙江省和安徽省联合监测数据显示评估的时间段内，上游流域总体水质为优，千岛湖湖体水质总体稳定保持为 I 类。这表明新安江流域上下坚持实行最严格生态环境保护制度，实现了环境效益、经济效益、社会效益多赢（见图 5-2）。新安江流域生态补偿试点工作为全国同类地区跨省联合治理湖库污染提供了宝贵的经验，"新安江"模式已在安徽省和全国其他 6 个江河流域的 10 个省份复制推广。至今，虽然中国已有多个省份制定了关于流域生态补偿的规定，但进展依然较为缓慢，还面临着很多难题，还需不断探索。国家发改委于 2019 年 11 月印发的《生态综合补偿试点方案》，将会选择 50 个县进行生态综合补偿工作试点，分别从四川、贵州、云南、安徽、福建、江西、甘肃、青海、海南、西藏等 10 个省区中挑选。

图 5-2 新安江流域生态保护效应

三、生态补偿试点举措

2018 年，新安江跨省流域生态补偿机制试点通过验收，入选"中国十大改革案例"。自试点以来，上下游共同努力，实行最严格生态环境保护制度，探索出了流域性生态补偿的"中国模式"。新安江生态补偿试点工作主要有以下七个方面：

一是转变发展理念，摆在突出位置。成功的先决条件是须具备正确的理念，由于上下游在生态补偿方面的观念理念上存在较大的分歧，难以推进流域生态补偿工作。相关省份深入贯彻习近平同志关于千岛湖环境保护的重要批示精神，为皖浙两省的试点工作指明了方向。安徽、浙江两省深刻认识到要把生态文明建设摆在更突出的位置，必须采取行动从根本上扭转水质恶化的趋势，并就补偿机制的各方面达成一致意见。自试点开始，黄山市一直把试点工作放在重要地位。不得不说该试点工程不仅是黄山市发展中一次影响深刻、总揽全局的伟大的战略计划，也是一项关系民生、造福子孙的壮大的战略工程，还是一项促进产业转型、生态经济融合发展的重大举措。对我国跨省生态发展来说，可谓是联通皖浙、统领城乡协调发展的先锋型的重大项目。为了促进试点工作的快速落实，黄山市成立了生态补偿机制试点工作领导小组以及新安江流域综合治理领导小组，该市市长、市委书记分别担任领导小组的组长。黄山新闻网、中国黄山等政府网站专门成立了新安江流域试点工作的信息专栏及微信等媒体平台，将试点工作动态透明化，还采取搜集多方意见和举报有偿的方式，及时有效解决市民集中反映的焦点和热点问题。正是由于用正确的观念、科学的理念去指导生态补偿机制试点建设工作，扎扎实实地做好生态保护治理工作，试点工作才会取得显著效果。

二是深化协同保护，建立联防机制。财政部和环保部牵头协调，上游的安徽与下游的浙江两省建立互访协商机制以加强流域的联防联控，并且成立了专门的机构保证生态补偿工作的有序进行。为预防跨界环境污染纠纷，提高处理纠纷效率，成立了联合环境执法小组，并建立了地区间沟通协调机制和工作信息网络共享机制。为提高环境监测能力，在流域增加了36个流域水质监测点位；增加了80个饮用水源地监测项目；建设水质自动监测网络和新安江水质监测中心。在干流、主要支流和重点水域新建36个水质自动站，对水质连续进行远程监控以及动态监测，由安徽省和浙江省一起对跨界断面监测采样，多次监测结果都获得两省的一致认可。

三是健全规章制度，严格目标考核。生态补偿机制实行以来，新安江流域初步建立了区域生态补偿标准，累计投入资金达126亿元，放大效应为3.4倍，促进了流域地区的休闲旅游、文化服务、绿色经济的发展，不断挖掘绿色生态项目的蝴蝶效应和经济利益。2018年，两省签订了新一轮跨省生态补偿协议，积极推广PPP模式（政府和社会资本的合作）、融资贴息、绿色基金等途径，鼓励加大对新安江流域整体治理中的社会资本投环境保护治理、组织保障和法制建设等制度体系。黄山市为实现保护、发展、惠民三大目标，健全规章制度约束地方保护行为，规定政府对试点工作投入的资金数额、评估绩效要参考：流经地区的出入境以及入河口排污口的水质考核断面的监控数据，并且市委、市政府与各区县、市直部门签订目标责任、补偿项目书。为建立和完善长效管理机制，相关部门统一作出新安江流域生态发展治理和保护的决定，提出试点流域生态补偿机制的运行意见和对实施专项补偿资金用于流域生态保护的绩效考核方案、项目管理和验收办法、全市禁磷、全民保护方案等文件。并根据流域实际情况，积极争取创新性和突破性的政策，建立起科学合理的长效机制。

四是坚持规划引领，规范项目管理。根据生态补偿试点协商框架，政府部门制定了《安徽省新安江流域水资源与生态环境保护综合规划》。根据"建设一批，申报一批，储备一批"的要求，严格审批申报项目的流程。规范项目的考核内容，坚定遵守招投标制、项目法人制、合同制和竣工验收制、监理制。建立和完善试点工作中的重点项目审批、选址、供地、环评等"绿色通道"，加强项目的跟踪服务和加快项目的落实推进。推进资金管理规范化建设，严格遵守执行专款专用的原则。加大项目监管力度，凡是试点项目都应接受纪检监察部门的监督检查和竣工验工的审计，试点项目应以审计意见为结算依据。因此，所有的政府性投资项目的相关工作情况均采取网上公示的方式，积极主动接受来自各方面的监督检查。

五是促进融资渠道多样化，扩大"种子效应"。项目实施中，有关省份注重有效发挥市场在资源配置的决定性作用，充分激发、引导社会各方影响形成强大的合力，协力推进新安江流域的保护和建设工作，拓宽渠道以解决资金难题。

六是强化综合治理，注重民生建设。黄山市提出流域内的村级垃圾保洁、主要干支流水系的综合治理、重要河面清理打捞、处理流域的网箱退养、河道周围的采砂采矿的治理、河流的水草打捞清理等多方面全覆盖的措施，以及加速贯彻落实主要干流沿线工厂搬迁、城乡污水处理、农村面源污染整治、农村环境风貌整治。为保证有序推进试点工作，在进行试点工作时，黄山市以这些内容为重心，统筹治理环境与发展综合治理流域水资源环境、生态机制建设和经济社会融合发展。并且注重当地民生建设，进行村级清洁和河面打捞治理社会化制度化管理，在录用保洁员时，优先择选低保户、贫困户。通过这些途径，有效解决了3000多农村人口的就业问题。为使流域保护具有可持续性，为了有效平衡退养网箱的后续问题，保证其能"退得出、稳得住、不反弹"，当地政府专门制定了一系列扶持资助政策，如对退养户的生活补助和转业就业补贴等。

七是深入发动群众力量，倡导全民保护。通过多方媒体和组织进村入户大力开展宣传活动，引导村民树立环保意识，将环境保护的倡议融入村规民约，制定所有村民都遵守的民间社会规范，切实减少农村面源污染；借助政府门户网站、微博以及微信公众号等平台实行信息公开，持续跟踪补偿试点工作动态，拉近与群众之间的距离；提供公众参与环境保护决策的途径，开展流域生态保护意见征求活动，邀请社会公众建言献策，提高公众参与到试点工作的积极性。策划开展了多样的特色活动，丰富工作形式的同时扩大了试点工作的影响力。如"保护母亲河"志愿行动，环保志愿者文明劝导、新安江流域保护宣传、"新安源头是我家"摄影大赛和征集新安江生态保护标识等具有创意性的活动。同时创设了试点项目标识牌，该标识牌公示了项目建设内容、投资规模、管护单位、责任单位等信息，促进了生态补偿制度实施进度的透明化。

四、流域生态补偿机制经验

新安江流域生态补偿试点工作取得了实打实的成效，将进一步推动做实新安江流域生态补偿机制。

一是树立了生态文明理念，改善了城乡环境面貌。各级干部牢记"保护第一、科学发展"的政绩价值观，强化全体人民保护生态的自觉性，生态文明建设理念深入人心。根据流域实际情况，三轮试点工作不断调整、不断深化，通过农村面源污染防治、农药集中配送、建设推广生态美超市等行动，城乡人居环境不断改善，目前已初步形成以旅游业为主导、以精致农业为基础的绿色产业体系，将继续推进乡村旅游发展和美好乡村建设。

二是发挥了项目综合效益，促进了经济转型发展。试点开始至2013

年底，新安江综合治理的项目达到了 353 个，实际总共收到投资 345 亿元。其中有 156 个项目属于生态补偿机制的试点工作，约 98 个项目已经落实到位，总计算出项目的累计投资额达到 60.7 亿元。通过实施这些项目，不但产生了良好的生态系统效益，甚至还进一步挖掘和增加了连锁效益、附加效益以及经济利益。当下，黄山市有序推进排污权管理、开发区发展、城市污水治理、化肥农药替代、绿色特色农业发展、农村环境整治、畜禽规模养殖提升、船舶污水上岸、"河（湖）长制""林长制"提升和全民参与十大工程建设。该市利用改善环境质量、增进民生福祉的倒逼机制，把发展高水平生态环境保护要求衔接到经济"绿色复苏"和转型上来，加快促进了经济的绿色、循环、低碳三方面的协调发展。

三是健全了流域治理机制，建立了生态补偿制度。为了保证试点工作有序进行，黄山市构建了比较全面的流域管理制度，形成了较为完善的保护工作体系，含综合治理、考评奖罚、河湖管理与保护模式"河长制"、管护项目的运营、水质的监测管理、村域的清洁治理、河道环境的保护及群情消息交流沟通等内容。该试点方法能够推行落地，能够有效引导我国各地借鉴该生态机制经验并实施，建立与当地实际情况相符合的补偿机制和相应的考核评分模式，将该试验地区的工作成效纳入区县政府的绩效考核，完善目标体系、考核办法、奖惩机制；在生态补偿考核评价中，补偿资金的划拨及补偿项目的绩效评估的主要依据是：行政区域的出入境及入河排污口的断面水质考核结果；在全省首创"河长制"管理机制，根据河流的行政区域分段划分、分片包干，形成了上下联动、齐抓共管的河道整治新局面。

四是保持了水质持续稳定，凸显了生态系统功能的服务价值。在不断推进生态试点工程的同时，试点地区的水体质量得到明显的提高。通过环保部在试点过程的绩效评审报告分析得出，在 2011 年期间，千岛湖的营养状态综合指数明显呈现下滑趋势，此时出现了一个拐点，在此之后，千岛湖富营养化状态得到改善。由安徽、浙江两省共同监测结果可知，2012 年到 2017 年上游河段的水质已经达优，千岛湖的湖体质量全然稳居 I 类水平。从这些监测所得的数据可以看出，在试点工作开展后，流域生态等各方面的环境明显好转，呈现出良性的生态循环系统，也渐渐体现出了良好的生态带来的多元价值，进一步加强了黄山地区的发展核心竞争力。

2019年9月，根据《安徽省实施长江三角洲区域一体化发展规划纲要行动计划》及《长江三角洲区域一体化发展规划纲要》要求，要做好试点区域的生态补偿落实推广，经由省政府一致意见批准，提出《进一步推深做实新安江流域生态补偿机制的实施意见》。这将会从整体上大大加快新安江流域生态环保项目的发展，推进生态补偿的试验区在千岛湖的快速建设。

该实施意见明确新安江流域现阶段的建设宗旨，即明确指示截至2021年末，试点地区的水资源保护和生态保护等重要指标坚持领先全国各地发展，明确水污染源头和污染物的负载量、持续优化水体质量。跨界断面的水体质量所检测出来的生态补偿指数完全符合政府规定的年度目标的要求，坚持执行合理的补偿基本标准，重视平衡生态保护和未来收益之间的关系。在实践工作中促进新安江试点流域生态补偿机制的完善，基本上建立了该流域上下游"长效版""拓展版""推广版"的横向生态补偿机制，为相关流域生态补偿制度的建立提供了可供类似地区学习的实用经验，初始阶段争取做到空气、森林、湿地、水流、耕地等重点资源领域和未准许开发地区、生态关键性功能区域等几大重要板块的生态补偿机制的全覆盖。

第二节　渭河流域

黄河支流中的一条最大支流——渭河（见图5-3），覆盖了陕西、甘肃、宁夏三大省（自治区），主要经过天水市——属于关中经济带之一，是促进经济带中几大城市社会良好发展的根本水源。渭河发源于甘肃省定西市鸟鼠山，干流全长818公里，流域总面积134766平方公里。进入陕西省以后至林家村为上游，长123.4公里，分为主要是黄土高原沟壑区的上段和主要是秦陇山区的下段。林家村至咸阳为中游，长171公里，水流缓慢散乱，沙洲浅滩较多，魏家堡渭惠渠大坝以下110多公里河流南北摆动。咸阳至港口为下游，长208公里，以泾河口和北洛河口为分界点，三段河流特征差异大。其中，泾河口以上属游荡分汊性河道；中间段右岸较固定，而左岸崩塌严重，唐时《三绝碑》距渭河7.5公里，现距河岸仅一百多米；北洛河口以下河宽3—15公里，因受黄河顶托易生倒灌，是防汛重点关注地区。

图 5-3 陇西省渭河流域

一、创新合作补偿模式

促进中部东部地区经济和社会高速协调发展最为关键的是要真正落实对渭河流域地区生态环境的保护。陕西的各项数据显示出它的各市区几年来经济都处于高效快速地上升趋势，特别是中部的各市区，近年来的经济发展水平尤为领先。虽说强有力地带动了陕西经济高速发展，但是渭河区域的生态环境却着实令人担忧。具体表现有：日渐严重的水土流失、难以改善的水质污染，刻不容缓的水源短缺形势，再加上来自各方废水污水的排入渭河的排入量只增不减，这些现象严重阻碍了关中地区长期的经济发展以及社会发展。必须坚持维持该流域的生态经济平衡，重要的是为水体质量能够符合标准提供制度保障，是尽快实现关中—天水经济带协调全面平衡发展的坚实基础。根据合作共赢、互利互惠的原则，陕甘宁三地的政府采取合作补偿模式，即经由一致协商，协力合作保护和补偿上游地区的生态。这个模式尚在试验运行中，要注意的，一是政府当地的思想和价值观需要及时更新，尤其是科学地认识到如何有效利用水体资源的价值，自觉主动地参与保护水源的工作；二是各省市区要亲密融洽的、有商有量地搞好生态建设，做到彼此信任、共同协作。友好型的关系既能在一定程度上降低治理的投入成本，还能大大提高渭河河段流域地区保护和治理生态的实际效率，从而营造出更有益于流域中的生态环境的长期稳定发展的积极有利的条件。

二、创建跨省联合治理机制

陕甘两省围绕为何建立生态保护补偿的试点机制这一主题，不断地、一次又一次地商讨与谈论，讨论最主要的目的就是想要解决如何有效应对渭河流经地区的生态环保每况愈下问题。2012 年，渭河周围的当地区、县政府共同签订了《渭河流域环境保护城市联盟框架协议》，该协议就是为了保障各地政府及人民能够齐心协力、共同治理渭河流域的生态环境问题。为能够顺利执行这份协议，使得上游的水体质量符合规定的标准，陕西的省政府又与甘肃省定西市、天水市两个市订立了一份协议。按照所定的协议，该省财政部门会拨款一笔专用资金 600 万元，用来补偿渭河的上游流域地区的生态环境。自签署这一份协议起，意味着在渭河流域所实施的生态补偿机制的核心问题将会得到真正的解决。渭河流域的综合整治和生态保护取得较好的效果，防洪体系得以健全，水质污染明显好转，同时渭河治理带动了产业聚集效应，沿渭群众享受到了宜居的生态空间。

第三节 东江流域

东江是珠江的重要支流，发源于江西赣州东南部，上游称寻乌水，在广东省河源市龙川县合河坝与安远水汇合后称东江，经河源市龙川、东源、源城、紫金、博罗、惠城，至东莞市石龙镇后，流入珠江三角洲，分南北两水道（南支流与北干流）注入狮子洋，经虎门出海。河道长度从源头至石龙为520公里，至狮子洋全长562公里。河口狮子洋以上流域面积35340平方公里，其中广东省境内31840平方公里，占流域总面积的90.1%，占全省陆地面积的18%。东江流域内有新丰江、天堂山、白盆珠、枫树坝和显岗共五座大型水库，五大水库总集雨面积12496平方公里，占东江流域总集雨面积的35.36%。

东江源是下游的重要饮用水水源地，人们最为关注的就是河流水质情况。水质的影响因素有很多，与地方环保理念、区域生态环境建设水平和地方发展转型成效等紧密关联。该流域现阶段大力推进的是水质指导型补偿。考核依据是东江流域跨省断面水质监测数据，目前地表水的pH、五日生化需氧量、高锰酸盐指数、氨氮、总磷等5项为考核监测指标，考核因子并不是一成不变的，为了更好地达到保护流域生态环境的目的，因子的选取会根据水质变化及实际需求而调整。环保部环境规划院《江西东江源生态保护与补偿规划研究报告（2013—2020年）》中提出，补偿测算方式为：

$$C = q_0 \times \frac{A_0}{A} \times \sum_{i=1}^{2} q_i \frac{D_i}{D_{i0}}$$

　　式子中，C 为跨省断面补偿指数，q_0 为水质稳定系数，q_i 为指标权重指数（总磷、氨氮分别取 50%），A_0 表示断面平均年控制的流域面积，A 为断面控制的流域面积；D_i 为某项指标的年均浓度，D_{i0} 为某项指标的基本限值。为使结果更加严谨，让生态补偿各方一致认同，q_0 取值由补偿各方协商确定；A_0 与 D_{i0} 在计算时，皆取值为前三年的均值；A 取当年的面积值。

　　根据计算结果来确定流域生态补偿标准，赣粤两省共同设立补偿资金，当 $C > 1$，由东江源区对广东省进行基于跨界断面水质的生态补偿；反之，则由广东省对东江源区进行补偿。这是一个双向的补偿，对上下游都具有约束机制。同时，中央财政会依据考核目标完成情况确定奖励资金。

　　赣粤两省人民政府在签订《东江流域上下游横向生态补偿协议（2016—2018）》后，又在 2019 年签署了《东江流域上下游横向生态补偿协议（2019—2021）》，不断深化流域横向生态补偿，完善补偿机制。经过努力，效果明显，大量的保护工程项目得以落实，生态环境问题得到明显改善，出境水质保持 100% 达标。该流域跨省生态补偿机制建设框架如图 5-4 所示，其具体举措主要是建立和完善四个机制。

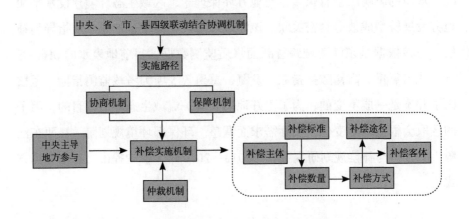

图 5-4　东江流域跨省生态补偿机制建设框架图

一、建立省际补偿实施机制

建立补偿实施机制，首先要明确生态补偿的主体和客体，以及选择合适的补偿方式。在东江流域上下游横向生态补偿中，补偿的主体为国家、赣、粤和因上游保护措施而会受益的个人。客体为政府以及为流域生态环境保护付出努力、做出贡献的非官方组织、企业和个人。为更好地发挥补偿专项基金的使用效率，补偿方式不能单一，应形成政策补偿、资金补偿、和产业补偿等方式并存的完善体系。

二、完善省际补偿保障机制

为使流域生态补偿持续实施，必须完善保障机制，应从以下三个方面来落实。首先，流域需建立包括水量、水质、水生态三个方面的监测监管体系。其次，加强深化相关研究，构建包括生态环境保护成本以及生态系统服务价值的计算模型。最后，构建完善的资金管理制度，明确规范补偿金的收缴、账户管理、分配使用等内容。

三、健全省际补偿仲裁机制

当生态补偿实施过程中存在争议时，就需要对争议进行仲裁，完善的仲裁机制利于保障补偿效果。健全省际补偿仲裁机制，首先要确定仲裁机构，既可以是赣粤两省协商成立仲裁机构，也可以是中央政府担任。其次要明确仲裁程序，在执行时严格按照流程对分歧点进行仲裁，有序推进保障措施，使生态补偿标准分阶段梯度提高。

四、推进流域管理局主导管理与协调机制

由于流域生态补偿是多省、多个部门协同进行，存在着部门交叉以及管理的真空地带，所以要成立专门的生态补偿管理协调机构，跨省份、跨部门对流域进行统一有效的管理。水利部可以将东江流域生态补偿纳入东江流域相关规划中，在现有东江流域管理局的基础上把江西省辖东江流域

也纳入其中，成立涵盖整个东江流域的流域管理局，由专门小组负责和协调补偿工作。流域的发展离不开中央的政策支持，争取更多中央专项补偿资金和政策倾斜。下游地区应加强对上游地区的智力补偿对口协作与帮扶政策支持，通过产业培育、技术支持、人才交流、就业服务等形式，推动东江源区生态型特色产业发展。要增强项目和产业补偿，使"输血型"补偿向"造血型"补偿转变。国家要积极引导节能环保产业、高新技术产业等向源头区转移，加大产业扶持力度，引导源区农民发展生态农业和生态旅游，积极探索水资源使用权交易机制等举措。

第四节　其他流域

一、九洲江流域

九洲江发源于广西壮族自治区玉林市陆川县，跨越粤桂两省区，全长168公里，是广西陆川县、博白县以及广东省湛江市饮用水的重要水源。九洲江地区的水环境质量，直接影响到该地区的人民的健康安全和广东、广西两大省区的社会与经济协调发展的局势。桂、粤双方联合整治九洲江生态环境，是两省领导根据流域实际情况和综合当今局势形成的共识。

2015年9月，中共中央、国务院将九洲江流域环境综合治理列为国家《生态文明体制改革总体方案》跨地区生态补偿试点。2016年，粤桂两省区政府签订了《九洲江流域上下游横向生态补偿协议》，协议规定治理期间粤桂两省区各出3亿元资金，联合成立九洲江流域生态的补偿资金。加之，中央的财政部门会鉴于此基础之上，按照年度考核的标准，达标则每年拨付3亿元，专项支持九洲江水污染防治工作。2019年，粤桂两省区政府在生态补偿工作取得良好成效的基础上，签订了九洲江地区上下游流域的横向生态补偿的协议（2018—2020 年）。协议明确跨省界断面水质年均值达Ⅲ类水质标准，加大对九洲江塘蓬河、沙铲河、高桥河三条支流的污染治理力度，推动水环境治理持续改善。依靠中央的资助和保障以及粤桂两省政府及当地人民的同心同德之下，九洲江流域的工业排放源和当地的生活污染源明显取得了较好的控制效果。

二、汀江—韩江流域

汀江，是福建唯一的出省河流，也是福建汇入广东最大的一条河流，继续向南流入广东省的韩江。韩江，是广东东部地区一处主要饮用水的水源地，上游汀江水质直接关系到汕头、梅州、潮州和揭阳市1000多万人生产、生活供水。

2016 年，闽粤两大省的省政府签署了《关于汀江—韩江流域上下游横向生态补偿的协议》，自此，正式开启了汀江—韩江跨省流域模式的生态补偿试点工作。协议规定，闽粤两省合力出资成立汀江—韩江流域水环境的补偿资金，出资金额为 4 亿元，并且两省还在每年分别出资 1 亿元。中央财政把审核目标的完成结果当作参考奖励金额的依据，将这笔金额作为汀江—韩江流域水污染防治工作的专项资金，支付给上游的省份地区。此次签订的跨省生态补偿协议创新性地采用了双指标考核方法，不仅考核年达标率，也考核每月达标率。考核依据为双方公认的水质监测数据，考核原则为"双向补偿"原则。如果上游流域的水质达到标准或得到改善，那么下游会支付资金给上游补偿；相反，如果上游的水质有恶化趋势，那么上游将支付赔偿金额给下游。努力推进上下游的两个省市之间的跨界水体的综合治理，保障饮用水环境质量安全。

近年来，流域水质始终保持在Ⅲ类以上水平，生态环境得到有效保障。

三、滦河流域

滦河流域属于海河流域的三大水系之一，是京津冀都市圈中走在最前沿的一道天然生态屏障。滦河为河北省第二大河，发源于河北省丰宁县，流经沽源县、多伦县、滦平县、迁西县、卢龙县、滦县、昌黎县等地，在乐亭县南兜网铺注入渤海，全长 877 公里。

据《经济日报》报道，与新安江、汀江—韩江等横向上下游补偿计划比较来看，滦河流域的补偿方案存在一定的差别。计划实施的第一步是先建立起相适合的补偿制度，主要以国土资源、江河流域资源的联合整治为试点的方式赋予资金支持，天津、河北再分付归属于各自一部分的金额，高度遵守"谁受益、谁补偿"的原则。

滦河流域试点共涉及三省一市、共 9 个地市。其中水土环境污染防治项目共 73 个，投资 35.38 亿元；河湖生态保护与修复项目共 65 个，投资 32.74 亿元；统一水质、生态监测、监管、应急平台项目 1 个，投资 2.5 亿元。

四、小舜江上游生态补偿

小舜江，为曹娥江下游最大支流，地跨浙江省绍兴、嵊州、上虞 3 县市。为了解决绍虞平原生活用水和工业用水问题，1996 年绍兴市投资 21 亿元，开始筹建小舜江工程，该工程由输水工程、水源工程和净水厂三部分组成，水源工程即汤浦水库。汤浦水库在实现小舜江截流、完成移民动迁后，于 2000 年 4 月下闸蓄水，水质达到国家二类地面水标准以上，成功解决了绍虞平原 130 万人的生活用水和工业用水问题。该水库位于绍兴市和上虞市交界的山区，主要水源为南溪、北溪和王化溪 3 条主要河流和 20 多条支流，集雨面积 460 平方公里，最大日供水能力 100 万吨。

小舜江上游生态补偿是水费与跨区水资源交易相结合的补偿模式。为加强汤浦水库水源环境保护，保障人民群众饮水安全，自 2004 年以来绍兴市多次筹资，不断提高汤浦水库水源环境保护生态补偿专项资金，资金来源主要包括水费与跨区域水资源交易。资金《汤浦水库水源环境保护专项资金管理暂行办法》（绍政办发〔2004〕7 号）规定，在供水水费中按 0.015 元 / 吨的标准提取水库环境保护专项资金。同时，绍兴市汤浦水库有限公司与慈溪市自来水总公司正式签订了供水合同，慈溪方面斥资 7 亿余元，从 2005—2022 年的 18 年中，绍兴将向慈溪供水 12 亿立方米，慈溪居民将与绍兴市民享受同水同价。并且，慈溪方面还向绍兴一次性支付水库建设补偿费 1.533 亿元。《绍兴市汤浦水库水源环境保护办法》（绍政发〔2010〕40 号）规定，根据"谁受益、谁保护"的原则，市级财政每年统筹安排不低于 1000 万元的水源环境保护专项资金。2019 年，绍兴市专门出台汤浦水库生态补偿专项资金提升相关方案，要求将专项资金从每年 1000万元提高到每年 7900 万元。

第五节　国内流域生态补偿经验借鉴

通过对国内跨省流域生态补偿机制的了解，不难发现这些实践是采用的普遍适合实情的相关经验。

一、完善省际协商补偿机制

省际的协调对于我国的跨省界的流域生态补偿机制起着至关重要的作用，这种省际政府的协调商量的机制普遍适用于国内外的跨省界流域模式。该机制的前提条件是要充分给予参与方的水域管理自主权的尊重，并且保障他们自身应享有的合法利益。经过多方的多次商议，最终达到互利多赢的目的，从而将流域中的生态环境可能带来的外部不经济性的影响降至最低。我国政府是跨省界流域生态补偿机制的参与主体，此外，大力鼓励群众参与到生态机制的建设是必不可少的。公众的参与，使得大家有机会与政府一对一的谈论，及时地陈述自己的看法，也有利于调动广大群众对省际政府间的谈话进行监督的积极性。因此我们可以相信所得出的讨论结果是一致认可的、公平公开的，结果实施的可行性也十分符合现实利益，避免了在政府间商讨过程中的外部的人为因素的影响。采取这种方式，使得省际政府能进一步优化改善机制，并且流域内水资源的外部不经济性所引起的不利影响完全减小甚至没有。

二、 引入市场生态补偿模式

要想真正搞好跨流域地区的生态补偿机制的设置，单纯凭靠政府给予的财政支持，肯定是难以满足生态机制建设的实际需要。大体有以下几点原因：第一，对于政府来说，财政划拨支付能力是有一定限额的，因此政府所能承受支付的流域补偿资金的能力是受到限制的，不可能一一解决流域内的生态补偿的全部财力问题。正是因为这样，我们需要吸引其他的投资对象参与其中，更深度地提高补偿数额的承受和支付能力，维护和高效发挥各方主体参与生态保护和水域水质保护的积极性。第二，政府提出的流域生态补偿体系普遍拥有强制性和制度性，也就是说，对于机制的建立，它的宏观指导性较强。恰恰如此，这种情况导致了微观管控的作用受到了很大的限制。为了解决这种问题，坚持在政府宏观指导作用之下，我们开始发挥市场调节的作用，把水权当作商品在市场中进行买卖交易。也就是说水权作为交易物品完全可以在市场所有者成员中进行自由的处置和转移，但有一点特别重要，那就是享有水权的所有者，同时也要承担所拥有水域的水质监护、环保建设的义务。

三、 充分发挥政府的协调能力

由我国跨省流域的生态补偿系统的实际执行情况分析，容易分析出政府在执行过程中都发挥着十分重要的作用。充当"协调者"和"指挥者"双重角色的中央政府，强有力地推进省际政府商榷而产生了直接的、正面的影响。很多地区由于受到我国政府治理传统制度的深刻感染，不同地区的政府会存在或多或少只考虑本地的利益，难以顾全所涉及的其余地区政府的相关利益的问题。但是如果要使跨省流域的生态补偿机制良好运转，还是得强化各地政府以大局为主的整体价值观，有选择性地放弃自身部分利益实现共同目标。这就容易激起省际政府各方的利益矛盾，甚至会中断双方间的交流合作。在这种局势之下，就特别需要中央政府进行引导协调。当今普遍做法都是中央政府采取一定的协调手段来推动省际的磋商，强化各地区的政府能够树立大局观念，实施合理且必要的妥协让步和调整方案，努力做到一致认可跨省界的流域生态的关键问题。

四、创建流域生态补偿机制实施框架

补偿主体与客体之间关系更加清晰明确，能够正向刺激流域生态环境保护相关工作，有利于调整所涉及的各主体行为，减小流域生态服务的供需矛盾，促进流域内各地区（特别是上下游地区之间）协调可持续发展，具体框架体系及基本环节如图 5-5 所示，具体涵盖以下四方面的内容。

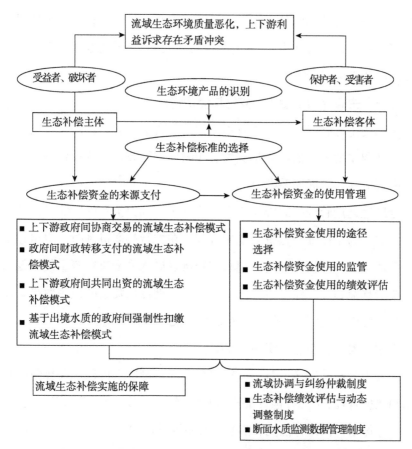

图 5-5 我国流域生态补偿机制框架体系及基本环节示意图

（一）识别需要补偿的生态环境产品

需要补偿的生态环境产品包括两个方面：一是流域的综合性生态服务价值，如区域气候调节和地下水位调节等；二是流域提供的生态和社会经济价值，指水资源的提供给上下游带来的直接价值，这与流域提供的水质、水量密切相关。

（二）选择流域生态补偿标准

经常使用的补偿标准是通过相关的数据测算得出，主要包括针对跨界断面补偿或赔偿和针对水源地补偿的两大类计算方法。根据选取计算的因子不同，针对跨界断面又大致可以分为基于超标污染物通量核算、基于跨界断面水质目标核算和基于水污染经济损失函数核算等；而水源地保护进行补偿的具体计算方式也不尽相同，具体包括生态系统服务价值法、支付意愿法以及机会成本法等。

（三）生态补偿资金来源支付与使用管理

不同的生态补偿模式，会有不同的补偿资金来源。迄今，我国生态补偿资金来源主要依靠财政转移支付、扣缴地方财政设立专项资金、市场手段筹措资金共同出资等手段。

合理地运用管理生态补偿资金才能真正达到保护目的，促进流域内可持续发展。为了保证补偿资金使用合理，在推行补偿机制时，应组建专项资金管理小组，根据流域生态现状和经济发展水平来决定资金使用偏向，对资金转移流程、方法等进行明文规定，定期评估资金的使用效果。还需不断根据发展变化以及评估结果对资金的使用进行调整。

（四）流域生态补偿实施的保障

需要根据经验制定并且不断完善各项规章制度。可以从跨界断面水质监测和数据管理、生态补偿资金使用监管、纠纷仲裁、公众参与等制度入手，建立保障体系，保证补偿能够落实并有序推进。

这四个方面共同组成补偿机制框架体系，每个方面都是生态补偿机制不可缺少的部分，每个方面单独的运转效果以及相互之间的配合情况都会对机制的运行效率产生影响。

五、创新流域生态补偿的主要补偿模式

通过分析政府与市场两者在生态补偿中发挥的作用，根据补偿资金来源可将我国所实施的生态补偿模式分为以下几类：上下游政府间共同出资的流域生态补偿模式、上下游政府间协商交易的流域生态补偿模式、政府间财政转移支付的流域生态补偿模式和基于出境水质的政府间强制性扣缴流域生态补偿模式等。

（一）上下游政府间协商交易的流域生态补偿模式

当流域具备以下特征时，适宜实施的是上下游政府间协商交易的流域生态补偿模式。首先，如果流域涉及范围比较小，且水源区域与受水区域比较集中，河流流经的行政区域（省或市）数量较少，那么，生态补偿涉及的行政主体就比较少，落实相对简单一些，更容易协调。其次，流域内的不同地区在水资源禀赋方面差异较大。该模式属于市场主导型，可以通过异地开发、水权交易等方法来实施。

推行水权交易必须满足以下两个条件，即水权购买方水资源匮乏，具有购买需求，且水权交易方式具有成本优势，这样才具有购买动力；而出让方水资源充沛，在满足自身需求的基础上还有富余。水权交易通常是同级的异地政府经过谈判，在达成一致意见后签署协议形成，最后具体落实由相关企业负责。双方矛盾的产生主要原因是水权出让方与水权购买方关注的焦点不同。购买方关注的焦点集中于购买的水资源的数量和质量能否获得保障，是否能促进当地经济发展；出让方关注的是通过交易得到的资金是否与提供的水资源价值匹配，得到的资金能否保持水资源供给并维持当地良好的生态环境。这是双方共赢的交易，出让方能够获得资金，在保护生态环境质量的前提下促进当地社会经济发展；购买方获得发展所需的水资源，取得更好的发展条件。

当上游地区社会经济发展水平相对较低时，则更倾向于选择异地开发。这主要有以下两点原因：首先，上游地区通过异地开发所获资金更具有弹性。上游能规定入驻企业的类型和规模，并且能挑选企业，这些被选中的企业能带给当地的税收富有较大的弹性；而经由水权交易所能得到的补偿资金的数量在一定时间内不变。其次，上游地区对资金的使用更有选择性。入驻企业给当地政府带来的税收收入可以进入一般性财政预算，提升了上游地区的发展潜力；然而，通过水权交易获得的资金一般都是专项用于水环境治理。相反地，下游地区往往不倾向于异地开发模式，因为这种模式会使下游的生态环境负担变得更重。尽管上游规定了入驻企业的规模和类型，入驻企业的生产活动必须达到规定的环境质量标准，但是仍旧会增加总量。所以，如果需使用异地开发模式，一定要有双方共同的上级政府加入管理，协调双方争议，有序推进补偿工作。

（二）上下游政府间共同出资的流域生态补偿模式

当流域具备以下特征时，适宜实施上下游政府间共同出资的流域生态补偿模式。首先，河流流经较多的省、市，生态补偿涉及的同级行政主体较多；其次，上游与下游的社会经济发展水平不同，上游的环境和经济行为会直接影响下游地区的流域水资源需求。

该模式具有双向激励的特点，实施时需要组建管理小组，部门成员由上下游环保、财政部门以及共同的上级行政主体组成，要做好协调生态补偿所涉及的各行政主体的关系，制定专项资金筹集原则、使用原则和管理办法，评估资金使用效率等工作。

专项资金的使用要根据资金用于流域某一特定领域或者特定地区的规定以及流域实际情况来确定。资金筹集过程通常会考虑地方经济发展水平与地区用水比例两个因素。为发挥资金最大的作用，要做到统筹安排、设定合理的出资比例、重点突破难点、确保资金效率。为避免资金的使用计划浮于表面，管理办法应明文化，管理小组要在商议后制定出关于资金使用的相关管理办法，同时针对资金运用不当、管理无序或资金使用效率低下的地区采取一定的惩罚措施。为实现改善流域生态环境的目的，各级政府应制定管理办法，对资金来源、用途以及实施要点进行明文规定，且指定或成立专门的部门（如福建省成立了补偿费征收和使用管理委员会）负责具体工作的落实。

（三）政府间财政转移支付的流域生态补偿模式

政府间财政转移支付的模式施行成本较低，测量计算的数据较简单。并且能提高政府保护流域环境的主动性，也能鼓励地方政府保持生态经济发展平衡。这种机制主要包括纵向与横向两种财政转移支付模式，两种模式的区分标准是转移支付双方政府级别，纵向是在上下级政府之间进行，而横向是在不具有隶属关系的地方政府之间进行。

其中纵向财政转移支付模式使用相对较多。这种模式需要上下级政府共同参与，具体实施一般是某一地区按照自身环境现状和经济发展情况，向上级行政主体申请用于环境治理、生态环境建设的资金；上级行政主体按照相关规定，依据实际情况，考虑该地区做出的贡献和牺牲，对该地区进行财政转移支付。通常包括一般性财政转移支付和专项财政转移支付两种类型，一般性的是能够放入地方财政预算，怎么使用可以根据接收方根据当地发展现状自行决定；而专项经费只能在特定领域使用，常见的领域如生态公益林建设、水土流失治理和退耕还林项目等。

横向财政转移支付模式使用相对较少，主要是由于现阶段该模式的实施还存在一些难题。首先，没有构建有效的横向财政转移支付体系。我国财政实行的"分灶吃饭"，在一定程度上限制了横向财政转移支付体系的建立；其次，支付方付出的资金与得到的生态产品价值不对等。下级政府会缴纳部分财政收入给上级政府，这部分资金是上级行政主体对受偿地区的纵向财政转移支付的资金来源之一，若同级政府之间再进行横向财政转移支付，那么就支付了两次，就会存在付出的资金总额与得到的生态产品价值不对等的情况。

（四）基于出境水质的政府间强制性扣缴流域生态补偿模式

如果在省内的跨界流域为下列两种情形时，多实施基于出境水质的政府间强制性扣缴流域生态补偿模式。这种模式能够改变流域状况。第一种情况是流域水环境质量差。第二种情况是上游地区过度利用水资源，剥夺了下游地区使用同等资源的权利。该模式的内容如图 5-6 所示，大体上概括出以下五个关键步骤：

第一，省政府准确区别补偿对象（主体和客体）、明晰区分补偿金额的扣缴准则，总体协议后评估该境界的断面水质并确定水域质量的标准值。由于采用该模式的多为省内跨市流域，所以需要省级政府确定这些标准，有利于生态补偿机制的推进。

第二，省、市相关部门监测已划定的出境水质考核断面水质状况。由于监测工作具有专业性，需要环保部门负责，并且为保证数据的真实性和监测工作的公开公平性，通常是由省级环监部与上下游环监站三方联合监测。

第三，省财政部缴纳或嘉奖各个地市进行生态补偿的资金。根据监测的实际数据与设定的目标对比结果，依据结果确定各地区是应该奖励，还是应该扣缴补偿资金。如果省环境监测部门监测所得数据与上下游监测结果不同，则把省环境监测部门结果当作判断依据。

第四，生态补偿资金的使用。应使用资金针对性地去解决流域存在的水质问题，改善流域生态环境，并且使用的过程应受到严格约束。

第五，若流域环境得到改善或水质变好，要根据实际情况对补偿机制进行调整，与时俱进，发挥补偿机制最大的作用。

除了这五个环节的基本内容，该模式还有一些独有的特点。跟上下游政府间共同出资的流域生态补偿模式比较可以发现，资金的筹集、使用都存在很大的不同。两种模式资金的筹集原则不同，共同出资的模式，顾名思义是上下游全部地区共同出资，而该模式只会按照规定扣缴不达标地区的补偿金，所以两种模式资金来源差别较大。使用资金方面也存在很大的差异，共同出资模式的资金只能用于流域某一特定领域或特定地区，而该模式是将资金以奖励的形式给水质达标的地区，获得奖励的地区可以按照要求对资金进行使用。

因此，该模式与共同出资模式比较，落实时必须要建构更加健全的政策保障体系，让财政部门与环保部门共同参与，财政部门完成资金的扣缴与奖励方面的工作，同时，环境部门完成监测水质各个环节会涉及的事务，搭配的管理系统与机制需要推陈出新，逐步改善。

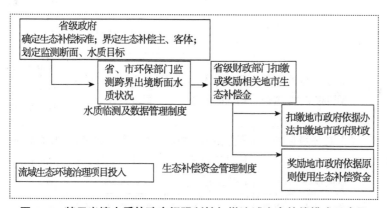

图 5-6　基于出境水质的政府间强制性扣缴流域生态补偿模式示意图

（五）我国主要流域生态补偿模式特点比较

从实践地区、主导类型、资金来源与使用、保障机制等方面对我国主要的四种流域生态补偿模式进行比较，如表 5-1 所示。四种模式并没有绝对的优良差之分，而是不同的流域特征适合不同的模式，这与流域经济发展水平以及区域差异有直接的联系。流域资源环境问题是水文、化学、经济等多学科交叉的问题，解决这个问题需要环保、财政等多个部门合作，单一模式常常无法整体解决问题。根据流域实际情况，采取多模式组合是解决问题非常重要的选择。

表 5-1　流域生态补偿模式比较

参考	上下游政府间协商交易的流域生态补偿模式	上下游政府间共同出资的流域生态补偿模式	政府间财政转移支付的流域生态补偿模式	基于出境水质政府间强制性扣缴流域生态补偿模式
实践地区	浙江金华江流域	福建闽江、九龙江、晋江流域	粤赣东江流域、北京—冀北饮用水源地	江河流域、子牙河流域、沙颍河流域、太湖流域、山东省辖淮河和小清河流域、清水河流域
主导类型	市场为主、政府为辅	政府主导型	政府主导型	政府主导型
资金来源	通过相应的市场手段获得补偿资金	政府投入，按比例分摊资金	中央及地方纵向财政转移支付	跨界出境超标断面的所在地政府财政的扣缴资金
资金用途	上游环境保护及社会经济建设、水质保障	资金使用地的环境设施建设及水污染整治	源区和上游的生态环境工程、社会经济发展	根据各地实践中资金使用原则而存在差异
保障机制	政府协议、市场交易	政策法规	政策法规，政府协议	政策法规

六、创新跨区域流域生态补偿联动机制

　　流域跨区域的生态补偿机制以便调节区域中的相关利益方的生态和其经济建设，一定程度上缓解了流域水资源的矛盾，在注重保护流域内生态多元化的建设方面起着相当大的作用。也因为我国对环境分管保护采取的是"属地主义"的原则，此类属地化的分地管理方式和跨流域的水系整治显然容易产生矛盾，上下游之间的矛盾和流域生态环境问题还会在一段时间内持续。因此治理好流域区域的上游生态的关键问题在于能不能正确认

识到下游的外部影响。总的来说，我们可采取的加强改善区域内的生态补偿机制解决方法有以下四点：

首先，尽快拟定并改善区域内生态补偿的法律条例，跨界生态补偿得以迈入制度化、法制化阶段。由于我国对生态补偿相关研究起步较晚，目前尚未建立国家层面的生态补偿立法保护，各地区的流域生态补偿活动方案大都根据地方行政法规、政府档、利益相关者达成一致意见而实施，这会导致流域生态补偿机制的严肃性及合法性遭到质疑，在一定程度束缚了地方生态补偿实践的推广与扩大。提高执行国家层级跨界流域补偿机制的法律效力，彻底解决了跨界生态补偿机制在执行阶段的缺少法律职称的问题，保证了有关政策的可持续性。

其次，逐渐设立实际可行的、横纵结合的财政转移支付制度，提升划拨资金使用的绩效考评。在我国跨流域的生态机制中，资金大都是以纵向且专项财政资金转移来支付的，基本步骤是先由财政机构层层支付，最终分到目的地基层政府。正因为层层支付、次次转移极大概率会造成资金折损，转付效率低下。为了防止上述情况发生，适当地调动专项资金的份额及减少财政转移划拨的阶层都是降低资金消耗的好方法。加之，一方面我国在设置跨界生态补偿机制的重要方式就是遵守纵向财政平衡制度，很好地平衡各个财政部门货币收入的差异也是政府的关怀点，显现出政府注重分配平等，缩小各地发展差距；另一方面却忽略了资源配置的效率和整合等动态目标。基于目前状况，流域生态补偿金结合横向转移支付的方式可以协调流域不同区域间冲突，以纵向为主的同时加大横向的比重，提高补偿资金的使用效率。

再次，要善于"因势利导"开展流域生态补偿活动，结合区域及当地实情，权衡概括，选出适宜的流域跨界生态补偿形式，及时关注财政转移补偿资金的分拨。本地的尤其是土著农牧民直接关系着所属流域的生态环境，保护生态环境在一定程度上会短期限制本地的经济发展，在此进程中所属区域的农牧民生活各方面也会受到较严重的影响。但我国目前实行的生态补偿资金的划拨侧重于将其分配给下级政府，还需加强对农牧民的重视度。至此，属地政府如何有效将补偿金额转移给受影响的个人，这个问题是流域生态机制做好补偿工作的重点。

最后，摸索并设立跨区域、跨层次的流域生态补偿协调制度，逐步整合生态补偿的监管制度。为了解决流域各地区达成协议难、监管难的困难，需在推进跨流域生态补偿进程中，有计划地创建跨层次、跨流域的、常驻性的流域生态补偿机制，负责各地区之间的协调以及对生态补偿过程进行管理。具体包括明确生态补偿的范围、原则、标准，制定流域生态补偿具体办法和各地的职责，协调、考评各行政规划单元自身践行生态义务的状况。当然，为使生态补偿更具有权威性和公正性，跨层次、跨区域的流域生态补偿机构中包含了各自区域的行政地区共同归属的上一级区域。

第六章　嘉陵江流域生态补偿机制探究与创新

流域生态补偿系统的建构和执行理应表现出生态补偿的实质、目的及生态补偿工作所遵循的基本原则，理应反映国家有关生态补偿和生态环保制度的基本要求与准则。同时，流域生态补偿的系统性和多样性也决定了流域生态补偿机制的各组成要素必须在和谐统一的原则引导下才能互相配合、协调发展，合力发挥作用。因此，对于所建立嘉陵江各城市群流域生态补偿机制，应当遵循统一的基本原则。所遵循的原则既要能够体现国家的相关政策精神和相应工作要求，又足以促进城市群流域生态补偿工作的顺利实施。

第一节　嘉陵江跨省流域生态补偿的基本原则

一、公平性原则

生态补偿机制自身建立的目的是降低该地区的外部不经济性造成的消

极影响，对上下游地区财富进行二次转移，提升上下游地区流域生态保护财富的公平、分配的合理性。要想到达该目的，公平性原则是执行嘉陵江生态补偿机制所必须遵守的原则。最重要的一点是在流域生态机制中补偿金分配额度不要太高，否则下游地区会承受相当大的经济负担，阻碍当地的平衡、上升发展；但也不能偏低，否则会导致补偿效应应用于上游地区的作用不明显，不能实现该机制的根本目的。所以得经双方一致商议，在两者都能接受的情况下进行确定。

二、共同发展原则

通过建立和完善嘉陵江生态补偿机制，能够使上下游地区共享嘉陵江流域生态环境改善所带来的流域整体发展的收益。通过下游地区向上游地区支付生态补偿金的形式，能够促使整个嘉陵江流域的县市区共同享有其所带来的收益。同时，下游地区应当根据自身的发展需求，努力帮助上游和中游地区的县市区实现经济结构调整，帮助其经济获得快速发展。而上游地区也不能仅仅考虑自身的发展需求，也要充分考虑下游地区的发展需求，为下游地区提供更多的原材料等方面的支持。通过上下游密切合作，促进整个嘉陵江流域的共同发展。

三、可行性原则

嘉陵江区域的生态补偿机制能否开展顺利，还要发挥出它的积极效应，重点是该机制的实施十分可行。对于这一标准，区域的政府、部门等务必加强改善生态补偿标准、政府财政资助、法律法规等方面，有效解决嘉陵江流域生态补偿机制存在的核心问题，为流域生态补偿制度的实施打下扎实的基底。

四、政府主导原则

流域生态补偿应遵循以政府为主导、辅之以市场配合、社会参与的开发原则。首先，城市群流域生态补偿是一项大型环境保护工程，必须始终坚持政府的主导地位毫不动摇；加大政府资源的投入力度、加大各级政府和相关职能部门对长江中游城市群流域生态补偿的支持度。并且，作为一项造福全社会全人民的生态资源综合性开发项目，又要不断增强全社会的关注度、参与度、支持度，积极创设社会资本和民营资本等多方投资平台，全力开拓流域生态补偿市场化与社会化等多种渠道，有序引进、开拓和创建多维度的筹资、融资途径，并且采取社会化、市场化的执行手段。要采用科学的办法制定和完善嘉陵江流域生态补偿机制，准确定位机制内容，合理选择生态指标，保障补偿机制的运转高效化。

在嘉陵江生态补偿的类别、指标、对象、核心技术等几方面，遵循可行性和科学性统一的原则，邀请行业专家分析嘉陵江流域的实情，联结上、中、下游各段地区的生态和经济的发展情况，制定相关措施，更有针对性地加大嘉陵江生态补偿机制的实践性。

第二节　嘉陵江流域生态保护的制度安排

在借鉴国内外跨省流域生态补偿机制时，不应当将其照搬过来用于建构嘉陵江流域生态补偿机制，事实上不同类型流域本质上有很大的区别，最好是结合自己的实践来制定建设内容。例如，补偿标准、补偿方式、补偿金额等。可以肯定的是，根据所归纳的国内外跨省流域生态补偿机制的经验并应用于嘉陵江生态补偿机制的建构是有积极作用的。

一、完善相关的法律法规

跨界流域生态补偿机制的重点在于转化自身的生态整治制度，把原本分别管理的嘉陵江各流域段的生态治理模式加以转型，凭借下游支付补偿金额给上游的方法，充分调节上下游两者间的生态利益的矛盾，为促进嘉陵江整体流域的和谐发展营造良好的环境条件。由前文所提到的流域生态补偿机制目前存在问题的分析可以看出，由于跨省流域生态补偿制度牵涉到很多行政区划，为了促使不同地区一致认可生态流域建立实施的机制，必须依靠强大的法律保障。这样可以加强省际地区之间的洽谈，政府能尽快地建立合作，加快嘉陵江生态的总体发展。因此法律制度的完善，对于完善嘉陵江区域的生态补偿机制意义非凡。

以法律效力，对流域生态补偿机制的协商方式、组织方式、补偿方式、补偿标准及划拨方式等制定明确的实施方式，使得流域生态机制在开展中做到有法可循，有助于巩固省政府间的协作，有助于生态补偿机制执行的标准化。由法律来规范受益和受补偿双方的权利和义务，及时惩罚破坏流域生态平衡的言行。在国家法律的范围内，各地方政府可以根据自身的实际情况，制定相关的地方行政法规和政策，确保流域生态补偿机制具有较强的可行性。

二、建立流域生态补偿相应的制度支撑

流域生态补偿制度是保护流域生态环境、协调区域内环境矛盾的重要制度。"头疼医头，脚疼医脚"的环保模式已经产生了一些负面的影响，个别的法律规定只能解决个别问题。这种立法形式分裂了生态资源与经济发展两者之间的联系，割裂了上下游统一和谐的内部关联，不能从根本上解决流域内的核心难题，以致生态模式的管理不协调，下级部门间的职权分工不明乃至利益冲突，迫使日益加剧了对生态环境的破坏。究其根本，流域生态补偿制度，就是要从生态多样性和流域整体性上思考江域平衡的难题，总结上下游生态受到的破坏情形来思考弥补解决，因地制宜地优化资源结构。对于嘉陵江流域而言，由于牵涉到十多个市县的行政管辖，特别急需完善构建生态补偿的协调制度和仲裁制度。

（一）流域生态补偿的组织制度

成立流域生态补偿专项管理机构，能够缓解地区之间的涉水矛盾，减少因行政区域分割带来的不科学使用生态资源的情形，防止上下游间的污

染转移。生态补偿组织应由更高一级的政府组织实施，如由国家统一实行跨省层面的流域生态补偿制度，国家和流域相关地区共同成立流域生态补偿工作项目组。为了顺利开展项目工作，工作组应分工明确、职能清晰，应由领导小组、专家咨询组和技术小组构成。具体方案提议领导组长由环保部主管担当，副组长任命业务司局领导，成员全是业务处人员，特别情况会请其他部委司局人员和地方领导加入该组，共同协调流域生态试点补偿工作进程。同省跨市区的流域生态试点的统筹机制由省级制定，本省政府结合本省实际，制定出适用于本省的生态补偿标准及相关落实措施。工作组内各部门、各成员之间要各司其职，密切配合。

（二）流域生态补偿的协商与仲裁制度

上一级政府在整个生态补偿过程中担任的是流域内资源这一公共物品的买方或中间人，为上下游流域生态保护搭建协商平台，负责协调流域上下游之间的利益关系。对于水资源丰富、跨越较多省市的流域，应充分考虑该流域在全国的重要生态意义，上下游的协商平台必须建立在整个国家生态安全的大框架下。设立中小型跨省界的流域生态补偿机制，流域各自地方由中央政府全局商议，找寻顺应上下游融合建设的生态方向，共建协商。这个过程要充分考虑流域上游具有的生态价值。对跨区域的水资源污染或者其他生态污染纠葛，上传给属地政府合力协调处置，处理过程以及调解组织程序必须由上一级人民政府环境保护行政主管部门负责；对于无法达成一致意见的情况，纠纷双方皆可报请流域水污染防治机构协调解决。

（三）流域生态补偿的外在制度保障

跨流域生态补偿实施的过程必须要突破外在制度，保证各项政策的落实。

第一，嘉陵江流域生态补偿试点中，不是完全基于四省市平等合作所构成的协商式生态补偿，也不是单一的自上而下的由国家强制力保证实施的支配型生态补偿，而是综合了平等合作和强制的综合型模式。具体而言，四省市之间的平等合作体现了自愿要素；中央政府作为执行的监督者，在补偿机制中实质上体现出了强制要素。这种综合型的补偿模式是以"自愿"

为基础，有外在强制力保障实施，这样能够降低谈判成本，不会使谈判各方关系在利益博弈中走向瓦解，整体而言使整个方案更具有可操作性。

第二，设立中立的评估机构，保证契约运行的公正性。生态补偿涉及流域上中下游多方利益，流域生态补偿的标准通常是根据区域交界断面水质监测的情况而定。这个过程不论是由下游政府测量裁决执行，还是由上下游政府共同组成的机构进行监测，都会由于其利益相关性而产生问题。实际上，即使上下游政府对监测数据的公正性予以肯定，也会由于缺乏中立的结果让执行机构面临执行困难的问题。由此可以看出，中立的评估执行机构是生态补偿的外在保障。所以，水质监测结果由中国环境监测总站核定，并向环保部、财政部提供，作为流域补偿考核依据。这个中立的第三者，使得脆弱的省市间建立的契约关系得到了执行上的约束，更具有可操作性。

三、划定政府责任与制度问责

（一）重新划分纵向政府责任

改革流域管理体制主要是改变行政管理权力的划分要素，不是人为地将农业、林业、水利、水生态环境、土地的管理权力根据行政地理边界或部门权力边界做出划分，而是以资源要素为核心，从流域整体性出发对行政管理权力做出划分。这样才能促进流域内各相关利益主体集体行动，进而获得共同利益。重新划分纵向政府责任是指在主体功能区划分设置的基础上，减少甚至是消除对限制发展区、禁止开发区地方政府的经济责任。比如减少上游地方政府承担的对经济发展的责任，这个举措会减少上游地区的生态环境保护和区域经济发展间的冲突，更有利于流域生态环境的恢复与建设。具体落实可以对禁止开发区或限制开发区实施生态优先的政绩考核体系，主要评价禁止开发区域的生态环境保护绩效，且在限制开发区域，弱化经济增长、城镇化水平的评价的同时突出生态环境保护的评价。

（二）加强横向政府问责

在目前我国遵循行政集权、财政分权的现行政治体制运行机制下，纵向的考核机制导致地方政府对经济增长率有强烈的渴求，重视追寻经济利益而在一定程度上忽略生态环境的行政目标不会有实质性的改变。在地方政府之间的竞争，甚至是恶性竞争一直存在这一大背景下，跨省的流域生态补偿机制的开展便会难以推进。因此，加强横向政府问责是突破我国跨省流域生态补偿实践的根本性要求。这样，地方政府不只是唯"上"负责，而是对地方人民负责，地方官员的升迁体系与地方人民的生活幸福指数挂钩。由此，地方政府之间的竞争关系将有可能转化为一种合作共赢的局面，这将有利于打破竞争局面，有利于共同协作构建跨区域流域生态补偿实践。

四、 建立绿色政绩考核机制

目前政府的考评制度基本上根据 GDP 数值评审业绩，特别不利于水域环境的保护，所以嘉陵江上下游的每个省级政府都应设置绿色政绩的考核机制。每个政府以绿色 GDP 为基准考核业绩来维护水资源，尤其是下游政府要维护水资源的指标，一般会支付较大的成本，鉴此付给上游资金保证用低支出获得较好效益。

尤为重要的是创建绿色政绩的评审规范。一是改进简单的 GDP 考评形式，恰当引用绿色指数、环保节能等各项生态指标；二是建立更为详细的实施规则来保护水域生态，即有目的性地规定各省应实现的目标。设立绿色指标进行评估，提高政府保护好、建设好嘉陵江流域的积极性，推动嘉陵江流域发展的系统性。

第三节　嘉陵江流域跨区域协商补偿机制

建立健全嘉陵江跨区域的补偿机制甚为重要。就目前补偿的形势，只依靠政府的补助的力量是薄弱的，需要让上下游政府能够随时进行有效交流，建造一个省际互动平台，从而顺利推进补偿项目。要求各政府要多利用平台进行信息分享，利用多方管道促进信息交换，各级政府和各个相关省份必须通力合作。此外，善于发挥民间组织和市场的作用，促进补偿机制得以深化有效的推广。

一、完善跨流域管理委员会的职能

嘉陵江生态牵涉到不少的省市政府，就嘉陵江自身来说，它就是一个无法分割的有机系统，所以对嘉陵江必须进行统一治理，做到全面调配嘉陵江上下游政府及涉及的相关部门。

就目前的管理形势分析，基本上每个流域段都有每个流域段的政府分管，流域只是片面的统一，这在很大程度上降低了嘉陵江流域的治理效率，也不利于政策的统一下放。通过分析国际流域管理的经验可以看出，大多成功案例一定会成立统一的管理组织，以保证全流域生态管理高效化和协同化。管理委员会的成立是完成上述任务的必要举措，不但能弱化政府的统一治理的矛盾，更能协调各省及各政府间的关系。改善管理委员会，首先，得明晰该委员会跟各政府如何协调，还得规划好管委会的责任和治理的权力，赋予管理委员会进行有效管理的权力，做到真正落地；其次，逐渐扩充管理委员会的各项管理职能。流域治理会接触到环保部、水利部，也会接触到地级政府和民间组织，所以应格外重视管理委员会的职责。

二、构建跨流域生态补偿协商平台

嘉陵江流域管理的又一个重要措施是构建跨省界流域生态补偿的协调平台。对上下游政府来说，想要统一商议嘉陵江流域工程，须有某一中介或某一平台，此时需要发挥上级政府的力量，搭建类似平台，这样既能顺利推进嘉陵江流域的补偿建设，又能强力融合上下游政府的统一、团结和监管，保证嘉陵江流域的任务能很好地协作完成。因此平台应设立两部门协同开发：一个是监督部门；另一个是协商部门。

协商部门需要定期讨论嘉陵江流域的上下游协同开发，经过不断的博弈总结出补偿机制的最终版本。一般来说，双方讨论后形成的一致认可方案通常都是精益求精的结果，也是更利于嘉陵江流域的改革。当双方观点有出入时，则需上报上级部门来进行裁决。

三、 开展省际水权交易

做好嘉陵江流域的高水平治理，有阶段性地实行跨区域性水权交易。因为嘉陵江流域牵涉到很多省份，各省份在经济发展水平、水域使用效率方面有着不小的差距，在经济发展水平高的省份真正落实了每项政策就能保证水资源运用的效益，在经济衰弱的省很难做到水资源应用的高效化。至此建构一种高效的补偿系统，于嘉陵江水治理占据关键地位。市场化的补偿系统，能让补偿对象具有多样性，从而提高、优化资源配置。进行水权买卖，一定程度上推动了流域治理工程的进展。目前已有省市交易成功，不过仅属于省内交易，至于跨省市的水权交易进行的需要加速开展。

跨省水权交易，可以逐步在跨省流域的交流协作平台实行。要求一要加强跟进水权管理实施进度，以立法手段完善水权的界定、保障及处置。同时国务院也提出了相应规定，通过政府先行倡导水权的买卖，最终实现水资源利用的高能化；二要不断改善法律确保已明确的水资源产权。设立交易所的模式，为水资源产权构建一个多元化平台。

四、 完善政府的监督和管理职能

（一）将流域生态补偿纳入政府考核范畴

嘉陵江流域的补偿机制能否能进行顺利，急需各地政府重视对生态补偿制度，自身先行，坚持政府支持嘉陵江流域生态补偿机制的力度。该支持不仅指口头还要拿出实际行动。中央政府年年都会考评各政府的执行状况，不过到现在，还未把补偿机制汇入考评范畴。正因如此，不少地方没有正确地支持该流域生态补偿机制的进行，有的地方甚至发生了领导暗许移用补偿金的事件。通过绩效考评考虑生态补偿的试点情况，不仅可以带动当地领导重视生态补偿机制的任务，更能推动该机制进程的规范化。

（二）建立专门的财政保障制度

为确保嘉陵江流域生态补偿机制顺利实施，中央政府必须建立专有的财政系统，保障资金能真正运用到机制的建设之中。财政制度有以下内容：第一，拥有足够承担生态补偿金的财权。流域内的经济水平明显差距较大，而政府的财权各有差别。某些地方政府没有能力承担流域生态补偿，是中央政府应全力以纵向支付的方式给予支持。第二，省际的生态补偿金主要以横向支付为手段。即下游支付补偿款给上游区域，做到平等分配生态利益与成本，强力推动嘉陵江流域整体的和谐发展。第三，建立管理生态补偿款的专项账户。中央政府成立专项账户，专门掌管中央政府和省政府的财政拨款事宜，规避移用资助款项等情形。

（三）建立专门部门负责省际流域生态补偿机制

上下游政府的协商过程中，中央政府善于充分展示自己的调节能力，构建特有的论坛辅助省际的协作。各相关主体应积极行使自有能力，推动成为友好的跨界伙伴，有利于加速嘉陵江流域整体的健康发展。省际流域生态补偿协商平台主要由生态补偿协商部门和管理部门两个部门组成。两部门各自分管，前一个担任协调省际政府的协商工作，规定好嘉陵江上下游政府的补偿金额度、补偿方式、补偿标准等要素后签署协议。后一个监管流域生态补偿机制的实施进程，详细内容有生态补偿款的使用情况、生态改善和保护的实际状态、协议详细的推行等。两部门分管着不同的职责，全都代表着政府，因此它们管理职权较高。诸如在执行补偿机制的计划中，管理部门会强制没有准时向补偿企业或个人付款的政府按约定支付补偿金。综上，设立专属机构强化了中央政府对省际协商的技能和对各政府监管流域生态机制的能力。

五、流域生态环境保护的技术支持

（一）建设嘉陵江流域生态信息数据库

建构嘉陵江流域生态信息库，提升了流域各省市的水质数据及资料的公开性，同时加强了对偶发性水质意外的反应机制和应变机制。该共享平台能使上下游地区随时了解到彼此区域的水质状态，做出及时的生态环境策略的调节。如及时制止导致下游水体污染的企业，责令一定期限内做出改善治理。创建的跨省流域生态信息共享平台，很大程度上提高了各省市监管嘉陵江流域的效率和水平。

（二）增加新技术的应用

嘉陵江流域生态补偿机制的设立也必须使用一定的新技术，应用适宜的新技术能机智处理补偿机制中的相当多的要点难题，从而逐渐改进生态的运行机制。运用选择的新技术，应进行以下几点：第一，运用新技术，会加快生态保护区的建造，提高动植物类别的保护力度，缓解上游土壤的流失程度，逐步巩固上游的打造和保护上游生态的能力。第二，运用新技术，精准判断流域断面水质监察到的结果，增强结果数据的可使用性，也合理地减少了政府间的争辩和冲突。第三，吸引大量的新型人才，投入足够的人才资源到各地环保企业的建设中，充分推动产业的规范化和集聚化的形成，促使形成经济规模效应，增加本地企业和百姓的经济收入，因而深化改善生态环境的条件。

六、流域生态环境保护的公众参与

（一）增加公众的参与和监督

嘉陵江生态补偿机制的建立和实行同样离不开公众的参与和监督，因此，在跨省流域生态补偿机制中导入公众参与机制，能积极推动该机制的进行。公众不论是受偿方还是受益方，都属于机制的重要组成要素。所以公众应拥有相当的监督权和参与权，如确定补偿金额、生态补偿支付手段等，都应该让公众自己决定流域生态补偿机制实施的内容，制定应尽力获取公众的意见。

公众的参与度和监管度体现在两方面：第一，传统媒体与新媒体相融合的途径，公之于众并广泛征询各方建议流域生态补偿机制的相关信息，再贴合区域经济发展的实际，调节应提供的补偿金额、支付方式等。同时，邀请专业人员评审实施的方案，加强工程的实施的可行性。第二，举办听证会，争取政府与公众当面沟通的机会，打开多方渠道提升公众的监管和知情权利。假设公众对听证会的结果有异议，有权向相关部门反映。政府也会依据反映的观点，二次开展讨论。最终争取各个地区大多数群众的支持。第三，政府要及时公开补偿流域生态的支付款项，公众才能深入地行使好自己的监管权力。

（二）引入第三方对流域生态补偿机制的执行情况进行监督

当今，各省市依据自己设置的跨界断面水质状况来设置嘉陵江流域生态补偿标准。一般是由各省市安排的检测人员完成检验的。缺少了其余省市的参与会因为对水质监测到的数据意见不同而产生争论，妨碍执行流域生态补偿机制的脚步。想要解决该问题，有意聘请第三方来监管水质结果。第三方机构不归属某一省市，所以才具备专业监测水质的资质，对不同流域段的水质进行直观的、科学的判决，避免上下游因为对流域水质结果持有不同的意见而发生争辩。第三方机构有责任将所得到的监测结果上交给中国环境总站再次审核，同步将数据传达给其他部门，此次监测报告是进行补偿金额支付的最终依据。

精准测定嘉陵江流域断面水质的监测数据，必不可少的工作是定期调试水域的监测设备。还应定期公开监测到的嘉陵江流域水质的结果，以此减少各利益方可能产生的争论，更加能证明嘉陵江流域生态所提供的补偿款项的公开性和透明性。

第四节　嘉陵江流域生态补偿模式类别

维护生态环境、促进人与自然和谐是生态补偿机制的宗旨，需要总体上思考生态系统服务价值、生态保护成本、发展机会成本，兼顾运用行政和市场手段，合理安排生态环境保护和建设各利益主体之间的关系。重视区域内的生态保护和环境污染治理领域，属于经济鞭策与"污染者付费"原则并存、依靠"受益者付费和破坏者付费"原则的环境经济政策。广泛运用市场机制建立多元化融资体系，可突破我国目前以政府为主导开展的流域生态补偿中存在的困境。目前，无论是全国范围内已广泛推行开展起来的流域生态补偿项目，还是作为首个跨省流域生态补偿试点的新安江生态补偿项目，都是以政府补偿机制为主。在我国现行的政府管理体制的构造下，多种流域生态补偿模式相比较而言，以政府补偿机制为主的模式启动较为容易。但随着我国市场发展，机制逐步成熟，应积极探索建立并不断完善多渠道的融资机制，特别是探索建立使用市场手段的可能途径，丰富补偿资金的来源，使生态补偿模式更为多元和灵活，保障资金的高效使用，进而确保跨省流域生态补偿项目的开展。嘉陵江流域可以借鉴以下四种经典的流域生态补偿模式，即政府直接公共补偿、生态产品认证补偿、限额交易补偿和私人直接补偿。

一、政府直接公共补偿的模式

政府直接公共补偿模式，指的是政府依据影响程度向个体或企业直接进行经济补偿以达到目的的行为。如美国田纳西州水源区的案例，美政府选择设立自然保护区的地方一般是属于生态敏感的土地，能提供重要生态服务的剩余土地是农业用地的话会进行土地休耕，同时会对区域内实施土地休耕的耕地和草地拥有者进行直接补贴。通过政府公共补偿模式的多种方式以达到改善水质和保护水源区生态环境的目的。设立的投资融资体制，是以政府扶持为主，全社会一致支持的生态建设。坚持政府领导，大力投入财政对生态的补偿和积极带动社会的投入。共同探索多渠道化的生态补偿的机制，加强生态补偿的市场化、社会化，促进多方影响合力共同推进。逐步完善政府引导、市场推进、社会参与的生态建设投融资机制，努力吸引国内外资金的双向投入生态建设。坚持"谁投资、谁受益"的原则，鼓舞民间资金资本投入生态机制的建设中。不断挖掘出生态建设与城乡资源融合开发的有效途径，开发土地资源过程中累积生态补偿资金。充分应用国债资金、开发性贷款及国际组织和外国政府的贷款或捐赠，促使形成多层次的资金补偿形势。

除政府直接补偿，还可灵活应用市场化的生态补偿模式，这就得带动社会主体投入生态的建设中。培养资源型市场，开发生产要素市场，使资源资本化、生态资本化，使环境要素的价格真正反馈它资源的稀缺程度，能达到合理利用资源和降低污染的双重效益。逐步创建资源使（取）用权、排污权交易等市场化的补偿模式。不断促进水资源的配置合理和使用有偿的生态制度，加快水资源取用权出让、转让和租赁交易机制的设立。创建区域内排放污染物指标有偿分配比例的制度，有序引导在政府管制下进行排污权交易，合理使用市场机制，减少治污成本，并提高治污效率。引导激励生态环保者和受益者之间通过自愿商议来履行合理的生态补偿。比如，加快探索建立资源环境价值评价体系、生态环境保护标准体系，建立自然资源和生态环境监测统计指标体系以及"绿色GDP"核算体系，研究制定出相应的自然资源和生态环境价值的量化评价方法，提出统一核算资源耗减、环境损失的估价方法和单位产值的能源消耗、资源消耗、"三废"排放总量等各项指标，充分显现出生态补偿机制的经济性。将继续努力提高生态复苏和建设的创新能力，加强开发和利用生态建设、环保新技术和新能源技术等，制定政策积极引导和鼓励人们绿色消费、理性消费，推动生态保护和谐发展。

二、生态产品认证补偿模式

生态产品认证补偿主要指需经过认证、标记生态产品，赋予该产品生态的附加值，体现出绿色生态的环保效应，逐步实现生态建设成本补偿向生态效益补偿的转变。如认证绿色食品、有机食品就是对生态环境友好型产品进行的标记。这是一种间接支付生态服务的价值实现方式，会使生态应分配的补偿体现在产品价值上。国外具有生态标记的农产品和木材等产品价格基本上为普通产品的2倍以上，其涵盖了环境友好型的发展方式、可持续发展的补偿，这种认证标记已经逐渐成为消费的热点。

三、限额交易补偿的模式

限额交易补偿一般是指评估受水区生态补偿的信用额度，评估所得结果当作各个受水区域水权的权衡标准。普遍情况下，水权会在市场进行交易，通过市场交割方式，水源区会获取相当的利益，从而实现流域生态补偿的目的。

四、私人直接补偿机制的模式

私人直接补偿是指由下游的企业或个体为了道义、风险控制，特意补偿上游某一对象的行为。这是外部经济学行为内部化的一条补偿路径。

以上四种补偿模式实质上就是学界公认的多元化流域生态补偿的模式，分为以下几类：政策补偿、资金补偿、市场补偿、产业补偿等类型，每种模式都有各自的特征（见表6-1），因此，要谨慎选择嘉陵江流域生态补偿的模式。

表 6-1　流域生态补偿模式比较

模式名称	具体内容	优点	缺点
政策补偿	下游地区给予上游地区政策上的支持，给予投资、税收等方面的支持，促进上游地区经济的快速发展	生态补偿的同时，减少下游政府财政压力	花费时间较长，短期内补偿效果不显著
产业产品补偿	下游地区对上游地区的某一特定产业进行大力扶植，通过发展该产业，提高上游地区自身的经济水平	具有较强操作性	花费时间较长，短期内效果不明显
市场补偿	通过市场机制，对水权进行买卖，提高所有者对流域水质的管理水平以及收益能力	可以借鉴国外的成功经验	是否符合我国国情，仍需要实践探索
资金补偿	下游地区向上游地区支付现金进行生态补偿。资金来源：根据实际情况，提高城市用水价格，将部分收入用于支付生态补偿	具有较强操作性	提高用水价格会引发社会强烈反响，需要花费气力进行协调

（一）资金补偿模式

政府直接拨付资金给维护嘉陵江流域生态的企业和个体，补偿他们投入生态保护的成本。如上游的某些企业购进专门处理污染物的装置，防止过多污染物的排放，因此污染物排放一年比一年明显减少。政府就会对这类企业进行资金补贴，有利于鼓励企业坚持流域生态保护环境的决心。每年都会进行一次资金补偿，依据流域的生态指标，政府直接划拨专项资金到户。

又如，所属流域保护区的旅游产业企业以年营业额中的一定比例为基准，提取相应的管理费用给该保护区的管理部门。另外，积极主动承担相应的保护区建设责任，诸如及时清理保护区垃圾等污染物的责任等。除此之外，也可以采取生态租赁的手段。生态租赁方式，是指保护区生态环境由所属政府主管部门管理和保护，旅游服务企业因此能享有良好的生态环境，规定该企业每年向保护区主管部门缴付一定的生态租金，用于流域内管理部门生态建设和发展。如果流域内需要开发新的旅游景区时，可以要求旅游企业缴纳一定的新景区的开发费用，或者负责新景区沿线的水土保持综合防治等。

（二）信用补偿模式

嘉陵江生态补偿模式中引用信用补偿模式，即划分嘉陵江流域为若干个区域，其信用记录与各自区域生态补金的配额挂钩。记录好各个区域的水质状况，稳居Ⅰ类的水域，信用记录评为优秀，相应得到的补偿金额较高。相反，水质长期较差或未得到改善的水域，信用评级较差，所得的补偿金较低乃至失去获得补偿款项的资格。

（三）产品补偿模式

产品补偿模式是一种间接生态补偿模式应用于机制建设。该模式重在打造嘉陵江流域生态产品的品牌效应，大力推广产品，帮助某些企业或个体取得可观的经济效益，表现出了其在流域生态保护中的经济价值。流域生态补偿中辅助于此种模式，有助于加速上游企业和个体的更新升级，督促投入更多的资源（如人力、财力、物力等）于流域的生态建设中。指引地方探索以资金补偿为主的产业扶持、人才培育、技术支持、飞地经济互助互建等补偿方式。采用资金补贴等方法，首先发展生态农业、绿色产业等，具体实践如倡导农户进行生态耕作、创新性地实行委托—代理型、规模化科学化生态农业模型等。

（四）民间补偿模式

民间补偿模式是相对政府补偿模式来说的。其目的是引进私人企业、非营利性机构、个人共同建设流域生态机制的建设，拓宽生态补偿金的资金途径，保证嘉陵江流域生态补偿机制顺利开展。

建立嘉陵江流域补偿机制过程中挑选生态模式时，因地制宜，实施多元化的生态补偿模式，规避仅仅使用单一模式会产生的消极影响。采用复合型的生态补偿模式，更好地体现出不同模式联合的积极作用，补充每个模式本身的不足。嘉陵江流域各省市政府可以参考国内外跨省流域生态补偿实践的做法，构建适合自身实际的生态补偿模式。分析相关信息可得，嘉陵江流域可以综合选择，形成模式组合。

综上所述，构建以政府为主体进行直接投入、社会全力支持生态建设的生态补偿投融资体制，既要坚持政府主体地位，尽力提高公共财政对生态补偿的投入，大力调动社会各方的投入，摸索出多途径的生态补偿形式，开拓生态补偿机制的市场化、社会化，联合多方合力推动。关键是深化落实跨省流域的横向生态补偿，打破行政区管理界限，促进构建上下游地区之间共建共治共享机制；不断更新重点生态功能区的财政转移支付机制，为重要生态功能区的开发建设权益提供必要的保障。逐渐构建政府主导、市场辅助、社会加入的生态补偿和建设投资融资机制，指导国内外正确投入资金于生态保护和建设。根据"谁投资、谁受益"的准则，鼓舞民间资金资本投入生态机制的建设、环境污染整治。开发、利用国债资金、开发性贷款及国际组织和外国政府的贷款或捐赠，逐步构成多元化的流域生态补偿格局。同时，增强补偿机制执行的效果、加强多元主体能动性的发挥以及提高不同补偿方案的灵活性和针对性，从而提高资金使用效益，强化生态环境保护和治理。

第七章 嘉陵江流域生态保护与成渝双城经济圈

2016 年 9 月，《长江经济带发展规划纲要》确立了长江经济带"一轴、两翼、三极、多点"的发展新格局："一轴"是指以长江黄金水道为依托，发挥上海、武汉、重庆的核心带动作用，促进经济由沿海溯江而上梯度发展；"两翼"指的是沪瑞和沪蓉南北两大运输交通要道，是长江经济带得以发展的基础；"三极"分别指长江三角洲城市群、长江中游城市群和成渝城市群，有效发挥中心城市的辐射带动作用，铸造长江经济带的三大增长极；"多点"指的是合力发挥三大城市群以外地级市的支撑作用。

2018 年 11 月，中共中央、国务院明确要求高效发挥长江经济带横跨东中西三大板块的地理位置优势，将共抓大保护、不搞大开发作为指导方向，将绿色发展、生态优先作为引导原则，凭借长江黄金水道，促进长江上中下游地区环境和经济协调发展和沿江地区高质量、高水平发展。

2019 年为深化供给侧结构性改革，持续构建多层次、立体化的科研、管理和技术创新平台，黄河流域生态保护和高质量发展战略会议重点解读黄河流域发展战略要点，聚焦黄河生态治理和高质量发展的难点痛点，讨论生态保护、治理和高质量发展的机遇对策，研究分析黄河文化挖掘、保护和传承的主要思路与实施策略等；企业与科研机构联合推动、共建共享黄河流域生态治理、大健康产业、生物能供热循环利用和高精尖技术成果产业化等项目；倡议发起与共同打造以"黄河流域战略研究院"为核心的三大创新驱动平台：一是区域创新平台。树立国际标准和全球视野，强化政企产学研等互动，积极推动黄河流域各省市县区、各城市扶持企业科技创新平台、行业产业孵化平台、区域技术转化平台和城市公共服务平台，逐步形成四个层级的有序建设和创新平台体系。二是智库服务平台（黄河流域战略研究院）。贯彻国家部委关于高端智库建设的重要部署，由部委智库推动和牵引，吸收各城市和有关部门参与，聚集科研院所和投资机构，完善体制机制，聚集国内外政府官员、智库机构、科研院校、知名企业、投资机构、环保机构、行业组织和专家学者等，共建共享和打造"黄河流域战略研究院"。三是战略支撑平台。借鉴全球河流水系治理经验，立足国家和区域诉求，以人民为中心，以生态优先、高质量发展为主线，积极推动国家、部委、省市等政策层面的规范化、体系化和协同化，积极开展创新战略的统筹谋划和资源整合，聚焦新兴产业、基础性、关键性技术研发等重点领域，培育打造战略性科技力量。

2020 年 10 月 16 日召开并审议通过的《成渝地区双城经济圈建设规划纲要》，目标是让成渝地区成为具有全国影响力的"双城经济圈"，带动全国高质量发展的重要增长极和新的动力源，成渝双城经济圈成为中国经济第四极；通过创新和实施公益金融绿色模式，聚焦、推动和引领世界绿色发展，成为世界绿色发展第一极。

嘉陵江位于四川的干流长度达 641 公里，流经的主要区域是广元市、南充市和广安市，流域面积 3.58 万平方公里。2020 年 1—8 月，嘉陵江四川段 10 个断面，水质优良（达到或优于Ⅲ类）断面 10 个，占比 100%；县级及以上城市饮用水水源地水质达标率 100%。嘉陵江重庆段全长 152 公里，占流域总长度的 13.4%，流域面积达 9590 平方公里。流经合川、北碚、沙坪坝、渝北、江北、渝中 6 个区，嘉陵江重庆段共设置 47 个市级及以上监测断面，其中干流共设置了 4 个监测断面，分别为金子、北温泉、大溪沟、梁沱，2019 年 4 个干流断面水质均为Ⅱ类，流域城市集中式饮用水源地达标率保持 100%。本章列举同属于成渝地区双城经济圈又在嘉陵江流域中具有典型性的广元市、南充市和重庆市三个城市分篇进行介绍。

嘉陵江是长江流域面积最大的支流，是"一带一路"和长江经济带的交会点，也是中国西部生态、经济联动发展的重要走廊、纽带和动力杠杆。如何将嘉陵江两岸的绿水青山变成金山银山，既是各地的迫切之需，也是新时代发展的总体要求。2018 年 8 月，以联盟为载体推动流域沿线城市共享共治，陕、甘、川、渝建立嘉陵江流域综合开发协同联动机制，产业联盟将以嘉陵江流域为纽带，充分整合各类资源，进一步推动构建嘉陵江绿色经济走廊。

第一节　广元篇：嘉陵江上游生态屏障的全流域高质量发展

长江水系中一条重要的支流就是嘉陵江，纵贯甘肃、陕西、四川、重庆三省一市。嘉陵江流域上游是主要的饮用水源、动植物聚集区、森林积聚区、水源涵养区及生态功能区，可以说嘉陵江是保障长江流域生态安全的重要屏障。上游的生态安全是下游高质量发展的前提和基础，也是全流域实现高质量发展的必要保障。

从秦岭深处出发的涓涓细流，流经陕西、甘肃、四川、重庆 4 省市，一路汇聚成川，孕育出长江上游最大支流——嘉陵江。嘉陵江发源于陕西凤县，也是沿江 10 余座城市的重要饮用水源。然而，嘉陵江上游横跨陕西、甘肃的西秦岭区域是我国铅锌矿的主要产区之一。20 世纪 80 年代，上游地区矿产开发治理无序，形成了大量的尾矿库。这些尾矿库大多沿江而建，多为"河边、江边、路边"库，一旦"失守"就会对下游水源构成威胁，环境风险隐患突出。

四川省境内，广元位于嘉陵江的上游；嘉陵江横穿广元，跨界断面已属于二类水质，其白龙湖水质在一类水质。近年来，在嘉陵江发源地区，仍然存在管道原油泄漏、尾矿库溃坝、危化品有毒有害处理、次生环境破坏污染、饮用水源地维护等五大类环境危害，而地处陕甘川交界的四川省广元市作为嘉陵江上中游分界点，近年来也遭受了输入型污染之痛，影响当地饮用水安全。广元在推动经济社会发展的同时，坚持环保与产业发展相协同，坚定不移走绿色发展道路，始终坚持生态底色不变。广元市采取严格限制矿山开发、工业污染企业等措施，以此来守护长江上游的生态屏障。嘉陵江受生活污染、农业面源污染等影响，自净能力和环境承载力较低。实施乡镇污水处理站及管网、黑臭水体整治、生活垃圾收集处理、农业非点源污染治理、畜禽养殖污染治理、乡镇及农村饮用水水源地保护，生态养殖、河道整治、秸秆综合利用等工程，减少入江污染负荷。

长期以来，为更好推动经济高质量发展，广元市采取多种方式筑牢嘉陵江上游生态屏障，坚持系统性治理流域水环境、系统性修复、系统性生物多样性保护嘉陵江上游流域资源开采区。在保护生物多样性上，对嘉陵江上游的国家级自然保护区，如广元市对米仓山、唐家河等进行生物多样性调查和评估，保护与恢复濒危动植物栖息地，加强珍稀动植物物种和栖息地生态保护，在自然保护区建立自然迁徙生态走廊。

一、坚持保护嘉陵江上游流域的生物多样性

嘉陵江在广元市境内流程长达 261.5 公里，纵贯市境中部。沿江有广元市城区、朝天区城区、苍溪县城区以及 16 个乡镇驻地。市内江段汇入集雨面积在 50 平方公里以上的一级支流 19 条，构成枝状水系。多年来流域的降水量均值 980 毫米，径流均深 464 毫米。从时间、空间可看出区域内的降水分布不均，自上游到下游的年均雨量整体上呈现递减趋势。新中国成立以来，有数次大洪水造成洪灾损失，其中尤以 1981 年、1990 年、

1998 年三次洪水灾情最为严重——三次大洪灾直接经济损失达 2.6 亿元。近年来，经济发展思路严格遵循自然规律，坚持走以安全的防洪保障体系、以水资源的可持续利用、以建设秀美山川为目标支撑和保障经济社会可持续发展之路，嘉陵江生态水域治理取得明显成效，管理工作较好地步入了规范化、法制化轨道。

一是通过水土流失综合治理，流域生态环境得到极大改善。据 1999 年全省遥感遥测，广元市有水土流失面积 8370 平方公里，占广元市总面积的 51.3%。从 1995 年开始，广元加快水土流失治理，改善生态环境，在嘉陵江流域组织实施了"长治""国债"、水利基金、生态建设等水保项目，在 134 条小流域治理水土流失面积 1599 平方公里，完成总投资 1.92 亿元，林草覆盖率由 27.7% 上升到 51.1%，荒山荒坡减少了 90%，水土流失程度下降和输沙量逐渐减少。

二是堤防建设步伐加快，城区防洪抗灾能力得到提高。2000 年，提出了修建广元城区堤防工程计划。建设总长度 14.86 公里，包括南河老鹰嘴大桥至九华岩的栖凤堤、嘉陵江东凤坪码头至寨子岩的下西堤、回龙河的回龙堤，工程计划投资 1.04 亿元，是建市以来争取实施的最大水利工程项目。

三是水资源管理正规有序，水资源得到优化配置。针对广元市水利资源总量逐年减少的现实，近年来，广元以"四五"普法为契机，合理运用 3·22"世界水日"、《水法》宣传周、3·15 送科技下乡、12·4"法制宣传日"等机会，多途径强力推广新《水法》，创造优良的依法治水的治理氛围。根据国家的法律、法规，结合广元实际制定了《广元市城市供用水管理办法》《广元市乡镇供水管理办法》《广元市河道管理通告》等配套文件有利于加强水资源管理的，对全市所有取水用户都严格实行了取水许可制度，定期发布《广元市水资源公报》和《广元市水质公报》，对全市降水、地表水、地下水、水资源总量及供水、用水量、耗水量、排污量等水质水量特征进行动态分析和公布，为开展水资源保护提供了科学依据，促进了水资源管理工作的顺利开展。

四是加大执法力度，有效保护嘉陵江鱼类资源。嘉陵江中上游段（苍溪—朝天）共有鱼类 168 种，其中，国家二级水生保护动物 5 种，省级重点保护 25 种，省有重要经济价值的鱼类 52 种，是嘉陵江中上游鱼类的基因库。为了有效保护鱼类资源，确保水域生态平衡，应严厉控制在嘉陵江水域的捕捞行为，严审发放捕捞许可证，2003 年核发捕捞许可证 20 个（是 2000 年 60 个的 1/3），把嘉陵江一级支流南河的城区段确定为游钓保护区，严厉审查未经许可还在从事重点水生、野生动物及能为本省创造经济价值的天然野生鱼类的餐饮。在每年的春节禁渔期，充分利用各种媒体，加大《渔业法》及相关法律法规的宣传，同时严厉打击一切违反春季禁渔的违法犯罪行为。每年 4 月 26 日向嘉陵江增殖放流嘉陵江原种鱼类 200 万尾，有效增殖了嘉陵江天然鱼类资源。

五是河道管理工作正逐步走向法制化轨道。根据《河道管理条例》和水利厅川水河管〔2002〕679 号文件精神，市政府下发了《关于加强河道管理的通知》，将城区内涉及市中区、上西开发区、利州开发区、袁家坝开发区境内的河道由市水利农机局直接管理，为城区河道的有序管理创造了条件。组织采砂船主集中学习有关法律知识，并订制成册发给采砂主，遵守"谁设障、谁清除"的规则，在全省带头执行收取"清障保证金"，与采砂主签下"河道采砂整复责任书"等具体内容，平整规划好采砂后的尾堆，有效地控制了采砂业主乱采、滥挖行为，使河道内的弃堆在今年基本得到了控制。

二、打破流域行政壁垒，强力推进嘉陵江流域生态保护治理

广元市苍溪县打破流域上下游、干支流、左右岸行政区划界线和壁垒，构建联动合作治理机制，河流水质达到或优于Ⅱ类水质，县城和乡镇集中式饮用水水源地水质全面达标。

一是协同综合治理。按照"以水定城、定地、定人、定产"思路编制城乡发展规划，发展节水产业和技术，推动用水方式由粗放向节约集约转变。联合广元、阆中等地公安、检察、环保等部门建立信息互通、线索移送、

153

协同办案机制，开展嘉陵江生态环境资源公益保护跨区域协作，加强流域环境质量、污染源清单、水环境执法监管，对25处砂石加工场进行全面环保达标整改，查处河道非法采砂案件15起，对网箱、船舶、钓鱼平台全面清除，立案查处涉渔违法9起。

二是重点专项治理。实施生态保护修复和建设工程提升水源涵养能力，重点加大嘉陵江城区段河道综合治理，改造提升滨江路河滩污水管网和泵站，建成老桥至啤酒广场段道路基础、防冲设施和回水湾湿地公园抛石护岸1200余米。开展城市黑臭水体治理，实施流域污染综合治理项目19个，投资3.1亿元实施县城集中式饮用水水源地搬迁，建成乡镇污水处理站19座。

三是系统源头治理。严把环保准入关，鼓励支持科技含量高、经济效益好、资源消耗低、污染排放少的项目审批，对不符合国家产业政策、城市发展总体规划和环境保护规划的坚决拒批，依法否决高污染项目15个。把清洁生产标准纳入在建项目环境影响评价，引导选用清洁生产技术、循环经济理念，最大限度推动废物资源化和减污减排，通过技术改造、增加环保投入等促进重点行业、重点企业对原有污染源综合治理，有效削减污染物排放量950余吨。

2018年9月，广元、汉中两市签订协议，携手保护嘉陵江流域生态环境。为了带动广元、汉中两市检察机关协力处理嘉陵江流域环境的公益诉讼，陕西省汉中市人民检察院与广元市人民检察院联合签下《关于加强嘉陵江流域生态环境保护公益诉讼协作配合工作的意见》（以下简称《意见》）和《关于开展嘉陵江陕西汉中至四川广元段水污染防治专项监督活动的方案》（以下简称《方案》），促进了两地检察机关一致保护嘉陵江流域生态机制的实施，开启了一年期限的嘉陵江水污染防治的专项监督活动。

嘉陵江是长江的一条最大支流，是下游地区较为重要的饮用水源。近年，明显改善了嘉陵江流域的生态环境，水质稳定保持优良。由于历史遗留原因，流域的生态环境仍有不少的问题。为了着力处理此类问题，两地机关主动保持交流和沟通，促成了两地检察机关协力维护陕西汉中至四川广元段的生态、通力配合公益诉讼协作、水污染防治专项活动等方面的一致，尽快树立珍惜生态资源、共建共治共享的社会全局观，争取取得双赢共赢的局面。

《意见》要求两地检察机关要全面落实党的十九大精神和生态文明建设的战略部署，有效发挥检察机关的作用，保卫嘉陵江流域生态安全，坚持信息互通、调查互动和问题互商的原则，探索并解决在生态环境保护案例中碰见的新状况、新问题；《方案》指出，自2018年8月，两地检察机关进行一年的水污染防治专项活动，重点关注嘉陵江流域内开垦、采矿、采砂及超标排放污染物等违法行为，监督行政机关依法履行职能，高效汇总工作效果，帮助检察机关建构完善公益诉讼和污染防治的法律政策。

2020年10月30日，天府行动——2020年嘉陵江流域（广元段）突发环境事件应急演练在广元市朝天区羊木镇郭家滩成功举行。四川省生态环境厅领导、市委和区委领导出席活动，各县区、市级相关部门和广元经开区相关负责人参加活动。汉中市生态环境局、陇南市生态环境局、南充市生态环境局、宁强县生态环境局、文县生态环境分局、阆中市生态环境局相关负责人观摩演练。此次应急演练模拟陕西省宁强县某铅锌矿洗选厂尾矿库泄漏，涉重金属污染物（以铅、锌为特征指标）进入嘉陵江一级支流石门子河，可能影响嘉陵江干流水质及下游饮用水安全的突发环境事件。共设置了信息报告和通报、预案启动、快速到位、应急监测、应急处置、信息公开等多个演练情景。

事件发生后，立即成立突发环境事件应急指挥部，迅速组织生态环境、水文监测、消防救援、应急救援、水利防汛、疾控医疗、公安民警、民兵应急等多支力量赶往现场，开展水质监测，设置多级围堰进行拦截沉降处置，对石门子河、嘉陵江沿线进行污染情况和环境敏感点开展详细调查，并做好沿线应急供水准备。整个处置过程中，各部门、各环节通力合作，切断了污染源，最终化解危机，避免了污染对环境和群众生产生活的影响。演练的目的是要各级部门和相关人员充分做好突发环境事件应急准备，不断加强环境应急能力建设，筑牢嘉陵江上游生态屏障。

三、广元市嘉陵江保护修复攻坚实施方案

广元市坚持以习近平生态文明思想为指导，强力深化总书记习近平在深入推动长江经济带发展座谈会上的重要讲话精神，以共抓大保护、不搞大开发为导向，以严格保护一江清水为核心，主要进行长江经济带水污染治理、水生态修复、水资源保护"三水共治"，联合落实生态复苏、资源保护、污染整治，山水林田湖草系统等的整治，重点执行生态环保专项行动，抓好重点、补齐短板、强大弱项，拿下嘉陵江保护修复攻坚任务，铸好嘉陵江上游生态屏障。

（一）总体要求

坚持以习近平生态文明思想为指导，彻底践行习近平总书记在加强促进长江经济带发展座谈会上的重要讲话精神，以共抓大保护、不搞大开发为导向，以严格保护一江清水为核心，围绕长江经济带水污染治理、水生态修复、水资源保护"三水共治"，协同推进生态修复、资源保护、污染治理，统筹山水林田湖草系统治理，突出抓好生态环境保护专项行动，抓重点、补短板、强弱项，打好嘉陵江保护修复攻坚战，筑牢嘉陵江上游生态屏障。

（二）主要目标

2020 年，嘉陵江流域干流和白龙江等主要支流突出的生态问题得到了基本治理，很大程度上降低了污染物排放的总量，显著改善了沿流域的环境质量，生态系统功能逐步增强，水资源实现有效保护与合理利用，河湖、湿地生态功能得到巩固提升。

沿江污染治理取得明显成效。嘉陵江、白龙江水质优良比例达到100%，劣 V 类水体基本消除，全面完成重点企业园区污染整治、入河排污口整改和固体废物污染治理，全面淘汰排放不达标船舶，城镇污水处理设施全部达到排放标准。

沿江生态系统功能逐步增强。嘉陵江、白龙江干流两岸绿化行动初见成效，全面实现已拆除非法码头生态复绿，全市森林覆盖率达到57%以上，

新增水土流失治理面积 612 平方公里，湿地面积不低于 36.5 万亩，水生珍稀濒危物种得到有效保护。

水资源保护和利用日趋完善。加强城镇集中式饮用水水源地规范化建设，深化巩固饮用水水源地问题整改成果，完成白龙水厂建设，具备饮水安全风险防控和应急能力。建立水库群联合调度机制，保障嘉陵江、白龙江重要河流和湖泊基本生态用水。

（三）重点任务

1. 加强水污染治理

（1）加快治理企业违法违规排污。全面整治重污染落后工艺和设备以及不符合国家产业政策的小型和重污染项目。深入推进化工污染整治专项行动，强化"三线一单"约束力，推动化工产业转型升级、结构调整和优化布局，严控在嘉陵江沿岸地区新建石油化工和煤化工项目。强化重点企业污染源头管控，全面解决水污染物排放的重点企业问题，努力实现省级以上的工业集聚（园）区的污水全收集处理（市生态环境局、市经济和信息化局牵头，市应急管理局配合，相关县区负责落实。涉及各地具体工作任务均由相关县区落实，以下不再列出）。

（2）加快长江入河排污口整改提升。启动长江入河排污口排查整治工作，推动"查、测、溯、治"四项重点工作落实。2019 年，迁建、拆除或关闭饮用水水源保护区和自然保护区核心区、缓冲区内的规模以下入河排污口；2020 年，规模以下入河排污口全部整治到位，实现规模以上入河排污口自动监测全覆盖，完成入河排污口规范化建设（市生态环境局牵头，市水利局、市住房城乡建设局、市经济和信息化局、市农业农村局配合）。

（3）加快推进固体废物污染治理。落实《四川省长江经济带固体废物大排查行动工作方案》，深入开展固体废物大排查，针对全面排查的结果，建立问题台账，扎实开展问题整改，严防固体废物非法转移倾倒。2020 年，问题整治彻底完成，创建完善了固体废物的生产、储存、运输全过程监督机制（市生态环境局牵头，市经济和信息化局、市住房城乡建设局、市交通运输局、市水利局、市卫生健康委、市公安局、市城管执法局配合）。

（4）提高污水垃圾收集处理水平。落实《广元市城镇污水处理设施建设三年推进方案》《广元市城乡垃圾处理设施建设三年推进方案》，2019年，城市生活污水处理率达到92%以上，县城达到90%以上，建制镇达到50%以上；城市生活垃圾无害化处理率达到95%以上，县城（建成区）达到85%以上。妥善处理了重点流域城镇的污水垃圾具有收集处理的能力、污染严重的水环境重点流域范围内的农村生活污水，有效治理了90%以上的生活垃圾（市住房城乡建设局、市城管执法局牵头，市发展改革委、市生态环境局配合）。

（5）加快推进农业面源污染治理。切实强化农业畜禽、水产养殖污染物排放控制力度，2020年全市综合利用畜禽粪污的效率占到80%，100%的大型规模养殖场粪污处理的设备配套，依法关闭或搬迁禁养区内的畜禽养殖场（小区）和养殖专业户。大力开展有机肥替代化肥工作，严格限制使用高毒农药，初步建立科学施肥管理体系和技术体系，科学施肥水平明显提升，主要农作物肥料利用率达到40%以上（市农业农村局牵头，市发展改革委、市经济和信息化局、市财政局、市自然资源局、市生态环境局、市水利局、市市场监管局、市林业局配合）。

（6）加强港口和船舶污染治理。严格执行《防治船舶污染内河水域环境管理规定》，建立并运行船舶污染物接收、转运、处置联单制度和海事、港航、渔政渔港监督、生态环境、住建等部门的联合监管制度。加快完善运输船舶生活污水存储设备或处理设施，对排放不达标的船舶实现全面淘汰。积极推进港口和船舶污染物接收处置设施建设，完成本区域船舶污染物接收、转运及处置设施建设方案的发布，2020年全面完成建设任务。港口、船舶修造厂环卫设施、污水处理设施纳入城市设施建设规划。加快广元港港口岸电改造建设（市交通运输局牵头，市经济和信息化局、市生态环境局、市财政局、市住房城乡建设局、市农业农村局配合）。

（7）推进重要支流良好水体保护。白龙湖、亭子湖沿线乡镇污水处理设施全面达到一级A排放标准。加快推进西河流域的基础设施建设（市生态环境局牵头，市经济和信息化局、市自然资源局、市水利局、市应急管理局配合）。

2. 加强水生态修复

（8）开展大规模绿化全川广元行动。开展生态体系建设、产业发展助力脱贫奔小康、园林城市创建、森林质量提升、绿色家园建设、通道绿化行动、水系绿化行动、生态成果保护等八大行动。2020 年，森林覆盖率达到 57% 以上，嘉陵江干流两岸逐步消除宜林荒山，形成绿色生态廊道。市城市建成区绿地率达到 35.6%，绿化覆盖率达到 41.5%，人均公园绿地面积达到 12 平方米（市林业局、市住房城乡建设局牵头，市发展改革委、市财政局、市自然资源局、市农业农村局配合）。

（9）加强水土流失综合治理。加强重要水库和湖泊、重点区域坡耕地等水土流失综合治理，新增水土流失治理面积 612 平方公里，封山育林12 万亩（市水利局牵头，市财政局、市农业农村局、市林业局配合）。

（10）大力实施重点湿地保护与恢复。实施湿地保护与恢复工程，制订出台全市湿地保护修复制度实施方案，编制全市湿地保护规划，合理开发利用湿地资源，以湿地公园建设为重点，加强利州南河、昭化柏林湖国家湿地公园建设，提高科研监测水平，加快苍溪梨仙湖、利州月坝湿地公园创建，完善湿地自然保护区 2 个（市林业局牵头，市发展改革委、市财政局、市住房城乡建设局、市水利局、市农业农村局、市生态环境局配合）。

（11）强力推进嘉陵江河湖水域岸线保护。全面落实河（湖）长制，加强水域岸线管理保护。巩固非法采砂、非法码头专项整治成果，实现已拆除非法码头生态复绿。利用滨江（河、湖）自然人文景观资源，打造基干防护林带和林水相依风光带，因地制宜建设生态岸线，投入使用一批滨水绿地。全面完成岸线修复，恢复岸线生态功能，实施农村河道清洁行动，提升河道生态功能服务力（市水利局牵头，市住房城乡建设局、市自然资源局、市交通运输局、市林业局配合）。

（12）加强水生野生动植物保护。加快推进嘉陵江流域重点水域禁捕，改善和修复水生生物环境，强化重要珍稀濒危物种的就地、迁地保护和人工繁育基地建设。2019 年，完成国家级、省级水产种质资源保护区的禁捕和生态修复项目，长江水生珍稀濒危物种得到有效保护（市农业农村局牵头，市发展改革委、市财政局、市生态环境局配合）。

3. 加强水资源保护

（13）加强饮用水水源地保护。持续推进长江经济带县级城市集中式饮用水水源地规范化建设，优化调整沿江取水口和排污口布局，加强农村饮用水水源保护。巩固县级城市集中式饮用水水源地问题整改成果，按规划要求开展长江经济带水资源保护带和生态隔离带建设。加强应急备用水源建设，2019年底前建成白龙水厂（市生态环境局、市水利局牵头，市住房城乡建设局、市卫生健康委配合）。

（14）加强水库群联合调度。将生态流量（水位）和城镇供水作为流域水量调度的重要依据，水力发电工程应当按照"电调"服从"水调"的原则进行取水发电，合理安排闸坝下泄水量和泄流时段，建立流域联合调度机制，重点保障枯水期生态流量。完成嘉陵江干流广元段水量分配和水量调度方案编制工作，建立生态优先、运行有效的水库群联合调度机制（市水利局牵头，市生态环境局、市住房城乡建设局、市交通运输局、市农业农村局、市发展改革委配合）。

4. 保障措施

（1）明确责任分工。按照市负总责、县区实施原则，构建起明确清晰、各负其责、合力推进的责任体系。各有关部门、沿江县区要加强组织领导，建立任务清单和管理台账，确保嘉陵江保护修复各项任务按期全面完成。

（2）强化监督检查。坚持重要任务月度分析，进展情况季度调度，采取不定期监督检查等方式，及时掌握进展情况，及时协调解决存在的问题。对工作慢作为、不作为，甚至失职失责的地区和单位要限期整改；对负责同志进行约谈和问责，典型案例要进行曝光。

（3）加大资金投入。加大政府支持力度，完善政府联合社会资本进行生态治理和合作模式。多渠道筹集资金，打好投融资政策"组合拳"，推动各项建设任务顺利实施。

（4）加强科技支撑。加强嘉陵江中上游环境治理与生态保护关键共性技术研究，开展工业水污染综合防控、农村污水高效低成本处理、城镇污水厂的稳定达标、生态修复与综合治理等先进适用技术的科技试点示范，探索水资源生态环境治理新模式。

四、推进大保护大治理大转型，筑牢嘉陵江上游生态屏障

一是生态优先，坚持绿色发展。强化"三线一单"硬约束，实施生态环境分区管控，划定优先保护、重点管控和一般管控三类管控单元 57 个，初步划定 2094 平方公里、面积占比 12.8% 的生态保护红线，将 706 万亩天然林，嘉陵江沿岸 20 万亩人工林，36.5 万亩湿地资源划入生态保护红线范围严格保护。建立环境保护和产业发展协同机制，在全省率先拟定产业负面准入清单，制定不宜发展工业产业参考目录，统筹招商和产业布局，坚持项目招商、环保先行，严格控制大化工、矿山开采等 13 大类 33 小类项目进入，禁止不符合产业政策和环保不达标企业入园。发展绿色低碳循环经济，加快落后产能退出工作，实施节能环保绿色低碳循环化示范项目建设，对水泥、食品饮料等行业进行清洁生产审核，全市 64 家企业完成脱硫脱硝除尘改造，37 家企业完成落后生产线淘汰，广元经开区建成国家级绿色园区。发展推广清洁能源，巩固国家新能源示范城市建设成果，清洁能源占一次能源消费结构的比重达 27.2%。

二是厚植底色，整治突出问题。2019 年 12 月，在全省率先启动开展为期 1 年的长江经济带生态环境问题排查整治行动，紧密结合广元实际确定"1+15"排查整治领域，全面摸清存在的生态环境问题，集中解决一批损害群众健康的突出环境问题，排查问题 2206 个，已整改完成 806 个。开展矿山生态环境问题综合治理，组织自然资源、生态环境等部门力量和相关领域专家成立技术团队，全市 668 个矿企开展地下水健康风险、环境风险调查评估、实施综合治理，探索形成矿企涌水治理"疏堵治管"技术方案，截至目前完成率 82.2%，力争今年底问题全部"清零"。扎实整改中央、省生态环境保护督察反馈问题和长江经济带生态环境问题，实行"清单制＋责任制＋红黄蓝"制度，每 2 个月调度通报 1 次，确保问题全面整

改到位。目前，长江经济带 5 个生态环境问题已完成 3 个，中央督察涉及的 29 项任务已整改 26 项，中央督察"回头看" 54 件信访件已整改 51 件。

三是联防联控，落实常态机制。与陕西汉中、甘肃陇南及省内南充、巴中、广安、达州签订突发环境事件、污染防治联防联控、环境资源审判协作等框架协议，推动环境监测、环境监管执法和突发环境事件响应、处置、调查处理全过程联动。在嘉陵江流域川陕甘交界处新建水质自动监测站 2 个，对跨界断面水质中氨氮等 9 项常规指标和重金属指标实行 24 小时实时监测，实现对流域内水文、断面、重点工业企业排放信息共享和污染风险联合监测预警。落实生态环境保护补偿制度，依托"长江经济带"监测网络，在重点流域河流县区交界处布设监测断面 9 个，实行水环境生态补偿横向转移支付，2017—2020 年嘉陵江获得全省流域水环境生态补偿资金 8855 万余元。落实生态损害赔偿制度，妥善处置流域输入性污染事件，甘肃省 2015 年、2018 年接连发生两起尾矿库泄漏引发次生流域跨界重大突发环境事件，在铊污染事件中向上游追偿 8000 万元。

第二节 南充篇：嘉陵江流域国家生态 文明先行示范区建设

嘉陵江是长江上游的一条重要支流。加快建设嘉陵江流域国家生态文明先行示范区，对于确保长江生态安全、保护流域广大人民群众身体健康和生命安全具有十分重要的现实意义和深远的历史意义。2015 年 12 月 31 日，国家发改委、科技部、财政部等九部委发出了《关于开展第二批生态文明先行示范区建设的通知》，同意四川省嘉陵江流域（包括南充、广安、广元、绵阳、遂宁、德阳六市）等 45 个地区开展生态文明先行示范区建设工作。南充段在嘉陵江流域中具有极其重要的地位和广泛的代表性，在嘉陵江流经的地级市中，南充境内流域面积最大、河段最长、风光最美。

南充地处嘉陵江中游，是整条嘉陵江流过的地级市中流域面积最大、河段最长、风光最美的地方。嘉陵江流经南充境内的阆中市、南部县、仪陇县、蓬安县和高坪区、顺庆区、嘉陵区一市三县三区，干流长达298公里，沿途接纳了东河、构溪河、西河、西充河等19条主要支流，流域面积10068平方公里；土地面积9753平方公里，占全市总面积的78%；流域人口520多万，占全市总人口70%以上；沿江两岸城镇新建高楼大厦和美丽乡村新建现代川北民居星罗棋布，绿色生态的城市景观和田园乡村的秀丽景色与近300公里嘉陵江风光相映成趣。嘉陵江把她最婀娜、最柔美的身段留在了南充，用她的甘甜乳汁养育了一代又一代南充儿女。共筑长江上游生态屏障，是因为嘉陵江南充段地处嘉陵江中流，与上下地区紧密相连，在嘉陵江流域四川境内的六市中具有广泛的代表性。

一、全国生态文明先行示范区建设的历史背景

党的十八大提出，生态文明建设处于首要地位，将生态文明建设融入经济建设、政治建设、文化建设、社会建设的各方面与全过程之中。党的十八届三中全会要求紧绕建设改革美丽中国深化生态文明体制，加快生态文明体系的创建。

为认真贯彻党的十八大关于大力推进生态文明建设的战略部署，积极落实十八届三中全会关于加快生态文明制度建设的精神，根据《国务院关于加快发展节能环保产业的意见》（国发〔2013〕30号）中关于在全国范围内选择有代表性的100个地区开展国家生态文明先行示范区建设，探索符合我国国情的生态文明建设模式的要求，国家发展改革委联合财政部、国土资源部、水利部、农业部、国家林业局制订了《国家生态文明先行示范区建设方案（试行）》，并于2013年12月2日发出通知，将这个试行方案印发给了各省、自治区、直辖市发展改革委、财政厅（局）、国土资

源厅（局）、水利厅（局）、农业厅（局）、林业厅（局），要求各相关单位认真组织先行示范地区申报（此次申报以省级以下地区为主，每个省、自治区、直辖市申报不超过2个地区，并排出顺序，超过2个的不予受理），做好建设实施方案的编制工作，报经省级人民政府同意后，于2014年2月17日前，报送国家发展改革委（环资司）。国家发展改革委等六部委将根据各个地方的申报情况，分析结论来划出建构的生态文明先行示范区的首批名单。

2014年5月，国家发展改革委等六部门委托中国循环经济协会从相关领域选取专家组成专家组，复核论证申报地区的《生态文明先行示范区建设实施方案》，再展开集体论证和复核多次把关。国家发展改革委等六部门于6月5日将北京市密云县等55个地区作为第一批生态文明先行示范建设地区并在网站上进行了为期7天的公示。公示结束后，批准正式开展建设。

2015年6月5日，国家发展改革委、财政部、科技部等九部门联合下发了《关于请组织申报第二批生态文明先行示范区的通知》，启动了第二批生态文明先行示范工作。地处嘉陵江流域的南充、广安、广元等六市，为搞好嘉陵江流域生态经济带建设，实行区域合作、整体联动，更好地获得国家支持并取得效应，2015年7月，在四川省发展改革委的牵头指导下，同意联合申报嘉陵江流域国家第二批生态文明先行示范区建设项目。经过艰苦细致的实地调研、反复论证，形成了《嘉陵江流域国家生态文明先行示范区建设实施方案（2015—2020）》和《嘉陵江流域六市创建国家生态文明先行示范区建设分方案》上报给国家发展改革委（环资司）。2015年12月7日，国家发展改革委等九部门委托物资节能中心从生态文明相关领域选取专家组成专家组，对申报地区的《生态文明先行示范区建设实施方案》逐一进行了集中论证和复核把关。根据论证和复核结果，于12月7日至13日将四川省嘉陵江流域（包括南充、广安、广元、绵阳、遂宁、德阳六市）等45个地区作为第二批生态文明先行示范建设地区在网上进行了公示，并于12月31日联合下发了《关于开展第二批生态文明先行示范区建设的通知》，同意四川省嘉陵江流域的南充等六市开展国家第二批生态文明先行示范区建设。

二、嘉陵江流域国家生态文明先行示范区建设的目标与任务

根据国家发展改革委等相关部门和四川省发展改革委等相关部门的意见，国家生态文明先行示范区建设的关键目标是：在 2020 年环境友好型和资源节约型的社会取得了重大成效，基本打造成主体功能区，显著提高经济水平的质量和效益，加强推广生态文明建设中应树立的主流价值观，促进融合生态文明建设与全面建成小康社会目标。主要任务是：依据地区的实际情形不断创新摸索，在生态文明的制度创新这方面争取新的突破，建立流域水资源综合管理制度，建立生态屏障建设与保护制度，建立流域生态文明建设协调机制。始终坚持生态文明和绿色发展，首先要重点提升关于思维理念、价值导向、空间布局、生产方式、生活方式等方面的思想观念。六市要协同优化嘉陵江国土空间开发格局，调整优化产业结构，打造有序嘉陵江流域经济发展带；构建集约循环的资源利用体系，加快建设高效嘉陵江流域经济发展带；加大生态系统建设和环境保护力度，打造绿色嘉陵江流域经济发展带；推动绿色循环低碳发展，建设循环嘉陵江流域经济发展带；完善生态文化体系和绿色消费模式，打造文明嘉陵江流域经济发展带；加强基础能力建设，建立统计监测和执法监督保障体系。

三、南充段的主要措施和成效

（一）南充市推进国家生态文明先行示范区建设的主要措施

四川省南充市位于四川盆地东北部、地处嘉陵江中游，辖 3 区 1 市 5 县、人口 760 万，面积 1.25 万平方公里，是四川省第二人口大市、中国优秀旅游城市、国家园林城市、全国清洁能源示范城市、久负盛名的"绸都"，国家规划确定的成渝经济区北部中心城市、成渝城市群区域中心城市和川陕革命老区重要节点城市，中心城区建成面积 126 平方公里、人口 125 万人。经四川省统计局统一核算，2019 年南充实现地区生产总值（GDP）2322.22 亿元，列全省第 5 位、川东北地区第 1 位。自嘉陵江流域国家生

态文明先行示范区建设工作开展以来，市四大班子对此项工作高度重视，为项目建设提供了坚强保障；市级各相关部门和县级党委、政府积极支持配合，做了大量卓有成效的工作，使国家生态文明先行示范区建设完成了预定目标任务。

1. 强化领导制订方案

南充市组成了由市委副书记、市长为组长的生态文明先行示范区建设领导小组。编制了《南充市国家生态文明先行示范区建设实施方案》及《嘉陵江流域国家生态文明先行示范区建设实施方案（2016—2020）》（以下简称《实施方案》）。按照《实施方案》确定的建设目标任务，联合其他五市印发了《关于加快推进嘉陵江流域生态文明先行示范区建设的实施意见》。出台了《南充市推进建设嘉陵江流域生态文明先行示范区工作方案（2018—2020）》。在南充市委、市政府及相关部门的推动下，国、省规划鼎力支持嘉陵江南充段的开发保护。《成渝城市群发展规划》倡导建造嘉陵江城市群生态走廊，推进嘉陵江流域综合治理，加强整治。

另外，《川陕革命老区振兴发展规划》提出统筹推进嘉陵江流域生态建设和环境保护。《四川省国民经济和社会发展第十三个五年规划纲要》及《川东北经济区"十三五"发展规划》也将嘉陵江南充段综合保护开发纳入规划。

2. 确定绿色发展目标

《南充市国民经济和社会发展第十三个五年规划纲要》明确提出，"十三五"时期，全市资源利用要更加高效，持续改善生态环境，不断健全生态文明制度体系。节能减排成效明显，单位 GDP 能耗年均下降 2.5%，单位工业增加值能耗年均下降 2%，单位 GDP 二氧化碳排放强度年均下降 3.5%；能源消费结构优化，清洁能源占一次能源消费比重 73%，非化石能源占一次能源消费比重 25% 以上。资源产出效率逐步提高，万元工业增加值用水量下降 24%，农业灌溉用水有效利用系数提高至 0.505。生态修复成效显著，森林覆盖率达到 41%，湿地面积达到 9 万公顷；环境质量持续改善，主要污染物排放总量持续减少，空气质量优良天数比例达到 79 %。

纳入国、省考核的地表水监测断面水质优良（达到或优于Ⅲ类）比例总体达到100%，市辖三区城市黑臭水体消除比例达90%，各县（市、区）县城集中式饮用水水源保护区水质优良比例达到100%，生活垃圾无害化处理率市辖城区、阆中市、县城（建成区）和建制镇分别达到98%、95%、85%和70%以上。生态文明保障机制不断完善，划定全市生态保护红线，建立全市洪水应急风险管控、生态补偿、地质灾害风险防控、水资源综合管理等制度，严格落实耕地保护制度、水资源管理制度、环境保护制度，项目节能审查执行率、项目环境影响评价执行率、项目土地预审执行率、环境信息公开率均达到100%。

3.发展绿色低碳产业

2018年以来，南充加快建设了顺高嘉、阆南西、仪营蓬三大片区固废循环经济产业园，扎实推进企业循环式生产、产业循环式组合、园区循环式改造。通过开展循环经济发展试点，逐步实现了企业、园区和社会层面的多层次资源整合、循环利用。在全市范围内，已初步形成了石油化工循环产业链和集中区，以西充有机农业为代表的农业循环化产业区。南充经济技术开发区、中法农业科技园等特色化、专业化园区，新能源、新材料、电子信息等新兴产业发展迅速。2019年，全市战略性新兴产业总产值突破300亿元，占规模以上工业企业产值比的9.56%，产值增幅达到28.8%，运行质态明显优于传统产业，成创新驱动增长的重要动力、工业投资的主要方向，支撑作用逐步凸显。

4.优化国土空间布局

南充市坚持以生态重要功能区、生态环境敏感区和脆弱区科学评估结果为基础，结合各类受保护地区边界校核，进行了与经济社会发展规划、主体功能区规划及相关空间规划相协调的衔接。根据《中华人民共和国环境保护法》《四川省四川省生态保护红线方案》的相关规定，结合南充实际，划定了全市生态保护红线。贯彻落实主体功能区战略，加快推进了以顺庆区、高坪区、嘉陵区、阆中市、南部县为核心的重点开发区域发展，进一步提高产业和人口集聚度；不断优化土地利用结构，打造经济增长的重要支撑区、新型工业化和新型城镇化的主要承载区，加快推进了以西充县、仪陇县、营山县、蓬安县为重点的农产品主产区建设，提高现代农业发展水平；加强了主要江河蓄滞区、饮用水源一级保护区、自然保护区核心区、风景名胜区核心区、地质灾害易发区等禁止开发区管理，严格禁止与主导功能不相符的建设与开发活动；探求建造了统一衔接的空间规划体系，以主体功能分区定位、指标和空间约束为指导，建立统一衔接的空间规划体系，统筹城镇、农业、生态各类的空间布局与建设，促进生产空间集约高效、生活空间宜居适度、生态空间山清水秀的构建。

5. 率先全面推行河长制

2017年4月，南充市率先在四川省全面推行了河长制，建立了市、县、乡、村四级河长工作体系。全市共设立市级河长29名、县级河长172名、乡级河长667名、村级河长4003名；设立了河（段）长公示牌，实现了市、县、乡、村四级河（段）长全覆盖。自全面推行河长制工作以来，全市按照一河一长、一河一档、一河一察、一河一策、一河一治、一河一清的"六个一"思路，切实落实各级河（段）长日常巡河工作责任制，全面推行"用双脚丈量河流"行动，广泛开展采砂管理、河湖"清四乱""清河、护岸、净水、保水"、畜禽养殖污染治理、饮用水源地保护、农村面源污染治理等专项行动，强力推进水污染防治整改工作，努力实现"河畅、水清、岸绿、景美"。据市水务局统计，截至2020年5月13日，市级河长带队巡河356次，县级河长带队巡河744次，全市发现问题1563个，完成整改1502个，整治侵占河道62处、非法采砂12处，清淤疏浚河道34.5公里，拆除关停畜禽养殖场997处，终止水库承包养鱼合同40处，江河网箱已被全域取缔。

6. 推进生态环境保护立法

2017年3月，南充市人大常委会立法工作会议安排部署了《南充市嘉陵江流域生态环境保护条例》立法工作，正式启动了嘉陵江流域南充段生态环境保护立法。2018年3月，南充市人大常委会高质量起草了《南充市嘉陵江流域生态环境保护条例（草案）》，对建立生态植被补偿机制、划定生态红线、加强饮用水水源保护等进行严格规定，得到四川省人大常委会高度认可。8月21日，四川省十三届人大常委会第十二次主任会议讨论报请批准的设区的市地方性法规时，建议将嘉陵江流域生态环境保护纳入省人大常委会立法。2019年，南充市人大常委会配合四川省人大常委会开展嘉陵江流域生态环境保护立法调研，对立法的必要性、可行性进行了论证，为建设美丽四川贡献了南充力量。目前，嘉陵江流域生态环境保护立法工作正在有序向前推进。

7. 共促嘉陵江生态走廊建设

2019年7月17日，六届南充市政协第十四次常委会议围绕"嘉陵江南充段绿色生态经济走廊建设"推进情况开展了专题协商，市委、市政府分管领导到会通报情况并听取了协商意见建议。会后，中共政协南充市委员会党组向中共南充市委报送了《关于嘉陵江南充段绿色生态经济走廊建设协意见的报告》。在报告中，就嘉陵江生态保护问题，向中共南充市委提出了应始终坚持"共抓大保护、不搞大开发"的基本原则和科学划定嘉陵江生态保护七条红线（水资源利用红线、农业用水红线、砂石开采范围红线、主体功能区生态控制红线、嘉陵江及支流生态走廊控制红线、基本农田控制红线和城镇建设范围控制红线）、实施沿江岸线岸滩生态保护修复、加快推进沿江场镇污水集中处理、全面加强农村面源污染综合治理、持续规范砂石资源开采等工作建议，有效助推了嘉陵江南充段生态环境保护工作。

8. 打造沿江文旅融合发展创新示范带

2015年4月29日，南充市人民政府常务会议审议并原则通过了《嘉陵江南充段绿色生态走廊建设总体规划》（以下简称《规划》）。《规划》定位生态嘉陵、山水画廊，计划通过新建、改建和扩建重要景点，把嘉陵江南充段打造成集生态、休闲、旅游等功能于一体的水上绿色生态走廊；计划用10年时间，建设护岸林4.5万亩，修复森林植被7万亩，建设农田林网1万亩，建设经果林1.5万亩，建设森林公园、湿地公园、滨河景观带等28处，森林提升质量13万亩，形成"一廊（嘉陵风光生态走廊）四带（蓝带、绿带、风光带、产业带）四区（阆中、南部、仪陇—蓬安、南充城区）多点（特色景观亮点）"的绿色生态空间布局。近五年来，全市深化推进执行沿江护岸林建设、森林植被修复、森林质量精准提升、滨河景观带建设、绿色通道建设、绿色家园建设六大林业重点项目，已完成嘉陵江生态走廊建设任务 15.5 万亩；打造阆中构溪河及盘龙山、仪陇金松湖、顺庆上中坝、嘉陵黄金江岸等湿地公园、森林公园、滨河景观 22 处；建设了高坪区江陵镇元宝山等嘉陵江生态走廊绿化造林示范点 33 个，示范面积达 2 万余亩，示范带动作用非常明显。2020 年 1 月 13 日，位于嘉陵区境内嘉陵江火花河岸的"印象嘉陵江·黄金江岸"城市会客厅全面建成。该工程项目占地 5000 亩，绿化面积 125 万平方米，江岸长度 5 公里。建设内容包含滨江南路综合改造、丝绸文化公园、滨江腹地、泥溪河湿地公园、猪山公园与猪山文创小镇、建筑立面改造及亮化六大子工程。整个项目总投资近 18 亿元，采用 PPP+EPC 模式建设，以春风十里健康步道为轴，形成一江两带、五区八景、二十个节点的滨江景观带，现已成为集丝绸文化、滨江亲水、生态体验、休闲游乐等功能为一体的嘉陵"城市会客厅"。2020 年 3 月以来，南充已启动建设"印象嘉陵江"国家级旅游度假区，提升阆中古城、南部满福坝、仪陇德园、蓬安相如故城旅游品质，规划在沿江布局建设 10 个特色文旅小镇和一批精品景区，开通凤仪至马回段、阆中至南部段两条旅游航线，购置一批观光游船、主题游船和演艺游船，计划适时推出一批情调健康向上、群众喜闻乐见的精彩节目供游客观赏，把嘉陵江南充段打造成为国际文旅融合发展的创新示范带。

9. 开展"蓝天、碧水、净土"三大行动

2017 年以来，南充全面打响了蓝天、碧水、净土保卫战。共计完成黄标车淘汰 4505 辆，安装油气回收装置 256 个、油烟净化装置 1522 套，责令 230 家餐饮店停业整改，取缔违规烧烤摊点 900 余处，完成 68 家"散乱污"企业淘汰。切实抓好了重点大气污染防控，压紧压实了禁止燃放烟花爆竹、秸秆禁烧、规范熏制腊制品、规范烧烤等季节性污染责任，基本形成了长效监管机制。积极开展城乡黑臭水体专项治理，强力推进了荆溪河、圣子河、凤垭河黑臭水体治理，巩固了西充河治理成果。在净土保卫战中，对可能造成土壤污染风险的重点企业、工业园区、生活垃圾和医疗焚烧厂、采矿场、非正规垃圾填埋场、固废及危废回收利用企业、已搬迁或关闭工矿企业等各类企业、设施场地开展全面排查，认真开展土壤环境污染状况调查和重点行业企业用地土壤污染详查。加强污染治理与修复督导，实施了土壤污染治理与修复试点示范工程。健全垃圾和固体废物处理处置体系，加强重金属污染整治，持续改善了土壤环境质量。

10. 推进重点环保工程建设

按照创建国家生态文明先行示范区要求，从节能、节水、新能源利用、循环经济、资源综合利用、重大技术产业化、污水处理、垃圾处理、生态环境治理、基础设施建设和山水林田路综合治理等 11 个方面，开展了环保重点工程项目建设。"环保南充"建设共涉及项目 132 个，涉及总投资 563.19 亿元。其中，围绕城镇垃圾、污水（污泥）处理、资源化利用、流域治理等国、省重点支持项目，共向上争取到了资金 7 亿元。截至 2019 年底，全市新增和改造城市配套污水管网 391.4 公里，建成生活污水处理厂 261 座（其中县城以上 11 座），实现新增日污水处理能力 14.88 万吨。嘉陵区文峰污水处理厂一期等 3 个城市污水处理厂建成投运，主城区新增污水处理能力 6 万吨 / 天，西充、营山、蓬安、仪陇全面完成污水处理厂提标扩能改造，南部、阆中项目加快推进，各县（市、区）污水处理能力不足的问题基本得到有效解决。市医废处置中心扩能、危废处置中心、市餐厨垃圾处置等项目相继建成投运，各类环保基础设施短板加快补齐。"十三五"期间，全市在重点环保工程建设项目方面，共投入资金 550 亿元。

11. 狠抓生态环境突出问题整改

近几年，南充市委、市政府坚定秉持"绿水青山就是金山银山"的理念，坚持挂帅出征、挂图作战、挂责问效，有效解决了生态环境保护存在的突出问题。针对省环保督察反馈问题，市上专门设立了一线指挥部，由市级领导上前带队，实行集中办公、日例会统筹部署、分小组推动落实，确保了问题及时有效得以整改。截至 2019 年 12 月 31 日，全市 29 项中央生态环境保护督察反馈问题，447 件中央生态环境保护督察期间交办的信访件，520 项省级生态环境保护督察反馈问题均已基本完成整改。为巩固整改成果、按照中省要求共同推动美丽长江经济带建设，2020年3月中旬，南充市委、市政府又安排市级相关部门和县级党委、政府，在集中排查国家移交问题整改落实情况、尾矿库环境问题、环保基础设施缺乏等10个方面问题的基础上，结合南充实际，重点围绕砂石行业、黑臭水体、沿江排污口、城区雨污混排口、沿江生态破坏、沿江污水直排形成的氧化塘、建筑垃圾倾倒，以及群众反复投诉的突出问题开展了全面排查，并按照"一月一调度""一月一通报"机制，压实压紧各级责任，加力加压确保问题整改。"十三五"时期，落实整治了全市的近2500个环境问题，真正让生活实际中的典型的环境问题得到了解决。如强制关闭搬移城中污染企业10余家、关停禁养区内畜禽养殖企业561家、整治南充主城区嘉陵江沿岸排污口等。

12. 不断完善生态文明制度

先后出台了《中共南充市委关于推进绿色发展建设美丽南充的决定》《南充市生态文明建设目标评价考核办法》；健全了全市自然资源产权和用途管理机制、干部领导政绩核准制度、离任审计制度和责任追究制度，优化了市的环境监管和生态补偿制度；牵头川东北区域五市人民政府签订了《川东北区域大气污染防治联防联控工作协定》，推行了大气污染防治奖惩制度；出台了《水污染防治激励考核办法》，加强了水污染综合治理；建立并完善了全市环境信用评价体系，实施嘉陵江流域南充境内江河水质断面考核并严格兑现奖惩；出台了《南充市企业环境信用评价办法（试行）》，全面启动市级企业环境信用评价试点，健全了企业排污许可制度。

（二）南充市国家生态文明先行示范区建设取得的显著成效

近年来，南充坚定不移以"绿水青山就是金山银山"发展理念为重要指导，改善环境质量是其核心，建设美丽南充是其抓手，稳定保持嘉陵江的最柔美身段、四川的最秀美丘陵、巴蜀的最宜居环境，坚定任务目标，紧实紧扣责任，联合展开，连续发力，促进打造嘉陵江流域国家生态文明的先行示范区，所取得的显著成效有目共睹。

1. 空气质量不断提升

通过持续打响蓝天保卫战，与广元、广安等地联合开展重污染天气联防联治、跨境流域联合治理、环境执法联合演练等深度合作，推动区域共治共享，南充空气质量不断得以提升，主要指标稳定向好。2019 年，主城区 PM2.5 平均浓度同比下降 3%，优良天数率同比提升 1.4 个百分点，超额完成省上下达目标，获得省考核激励资金 725.64 万元。主城区大气指标中二氧化硫、氮氧化物、PM2.5 连续三年大幅下降，南充市民津津乐道的"南充蓝"已成为大气质量改善的代名词，实现了主城区大气环境污染严重、雾霾频发向天朗气清、蓝天常在的重大转变。通过坚持不懈推进城市扬尘、禁燃禁烧、工业污染和汽车尾气污染综合整治，实施环境质量周调度、周通报、周公开制度，在《南充日报》、南充电视台公布排位，对排位靠后的县（市、区）实施约谈扣罚，大大改善了主城区空气质量，提升了老百姓的满意度、获得感和幸福感。

2. 流域环境大大改善

通过集中力量开展"清河、护岸、净水、保水"四个专项行动和城镇生活污染治理、畜禽养殖污染防治、农业面源污染治理、饮用水安全保障等四个综合治理行动，大大优化了水流域环境。截至 2020 年 4 月 30 日，全市累计结算水环境生态补偿资金 456.83 万元，纳入考核的 3 个国控断面和 2 个省控断面全部稳定达标；61 个小流域监测断面水质达标率 86.9%、同比提升 22.4%；27 条市级河长制河流水质达标率 96.2%、同比提升 14.8%。嘉陵江南充段干流和位于南部县升水镇的四川省大型骨干水利工程——升钟湖水库，水质稳定保持在 Ⅱ 类标准；各类大中型水库水质稳定达标，全市 9 个县城及以上集中式饮用水源地水质优良比例达 100%。荆溪河、西河等城区黑臭水体整治取得明显成效，实现了污水横流、鱼虾难觅向碧水绕城、鱼翔浅底的转变。

3. 生态屏障基本形成

通过大力实施一般宜林地造林绿化、生态脆弱地造林绿化和嘉陵江流域南充段绿色生态走廊建设、南充市城郊防护林网建设等重点造林绿化工程，大规模实施"绿化南充行动"，统筹推进绿色山川、绿色产业、绿色城镇、绿色家园建设，坚持有山皆绿、重点补绿、身边增绿，让绿色成为南充最亮丽的底色，累计完成造林绿化面积228.86万亩；构建了城乡绿化生态协调体系、林业产业的发达体系及生态文化的繁荣体系；林业现代化水平明显提升，生态状况明显得以改善。全市森林覆盖率达41%，新增森林蓄积62.40万立方米，总共的森林蓄积量4000万立方米左右，90%以上的荒山荒地（林地）得到了有效治理，乡村绿化覆盖率达到45%，城市建成区绿化覆盖率达到44.1%；建成自然保护区2处、森林公园7处、湿地公园5处；在大街小巷、嘉陵江边，随处都是满目青翠、绿树成荫，嘉陵江中游绿色生态屏障基本形成，为构筑长江上游绿色生态屏障提供了有力支撑。

（三）南充市国家生态文明先行示范区建设的努力方向

1. 完善协同推进机制

在国家发展改革委和四川省发展改革委等国、省部门的指导下，南充市积极开展与嘉陵江流域其余五市工作的对接交流，定期开好嘉陵江流域六市工作联席例会，及时研究解决联防联控重大问题。完善嘉陵江经济带的生态环境监测与评价制度体系，提高有关联防联控和风险防范体系的建设，不断地强化技术、经济和法治等手段在生态文明建设的运用，改善各项服务支撑的保障机制。加快建立嘉陵江流域国家生态文明先行示范区建设协调机制，尽快完善嘉陵江水资源产权界定和生态补偿机制，出台并遵循指导嘉陵江流域生态补偿机制建设的原则和政策，展开研究如何创建真正适合生态补偿的机制。发挥出市场优化配置资源的能力，明晰每个利益主体之间的联系，在上游能充分提供用水给下游区域的前提下，受益区域运用资金、实物、技术、项目开发等方面的资源和途径来补偿投入上游的生态环保和社会经济的发展。基本依据供水的质量和数量来确立补偿标准，发扬水价调节的杠杆作用。展开技术和发展援助，选择下游较发达地区与上游互相帮扶，进行矿产资源开发技术研发、环境友好型和劳动密集型产业转移和项目合作建设、劳动力培训和转移等多方面的合作。联合沿江各地政府签订区域水质水量和生态补偿协议，推动流域生态平衡步入正轨。始终围绕着优化目标指标、契合各区域的特色、提高可行性的方针，落实嘉陵江流域水生态环境保护"十四五"规划与编制工作。构建并改进嘉陵江公共治理机制，协调沿江各地政府完善信息公开、增强公众参与度等机制，鼓励公众有序并无缝隙地参与到生态治理的工作中，充分调动社会组织参与治理的积极性，增强全民生态环保意识，为进一步推进国家生态文明先行示范区建设凝聚共识、提供有力支撑。

2. 加强污染源头控制

由于嘉陵江出川水质规定须达到Ⅱ类水质标准，有必要明确要求沿江各市（县、区）出境段面水质均达到Ⅱ类水质标准，以满足沿江居民的生产生活用水需要。鉴于污水处理属于末端处理，必须从污染源头抓起，按照国家产业政策要求和环保法规规定，"关、停、并、转"一批污染重、能耗高、效益差的企业，落实污染申报和总量控制制度，构建重点排污企业网络监控制度与奖惩制度；禁止高能耗、高耗水企业生产，将生态污染降到最低，强制改进技术与革新；调整市场上面的供水价格，大力推进节约用水的制度建设，从各个方面提高市民节约用水的意识，减少工业污水和城市生活污水的排放，防止城市垃圾对水环境产生的污染；完善各个城市的排污管线，加强有关雨污的分流；积极推广农作物病虫害生物防治技实现畜禽排泄物资源化，提倡使用农家肥；坚决禁止嘉陵江支流网箱养鱼、肥水养鱼；电站库区要定期开闸放水，提高水体自净能力。

3. 加大污染防治投入

积极争取国家发改委和四川省发改委等国、省部门加大对嘉陵江流域环保基础设施建设和生态环境保护等方面的项目与资金支持。充分发挥市场机制作用，切实创新投融资机制，鼓励引导民间资本投入环保基础设施建设。着力构建政府引导、企业主导、社会参与的多元化投融资体系，大胆采用PPP等模式，广泛接纳和吸收社会资本投入环保基础设施建设和运营；坚持"谁投资、谁经营、谁受益"的原则，形成投资结构多元化、运行管理市场化的环保投入新格局。结合城镇污水处理设施建设三年推进方案，全面提升城镇污水处理能力，确保城镇污水达标排放。加大环境违法行为查处力度，强有力开展环保执法专项行动，巩固整治违法排污企业成果，加强辖区内工业园区监管力度，督促排污单位加强环境管理，正常运行污染治理设施，提高污染物排放稳定达标率。继续打好"蓝天、碧水、净土"三大保卫战。围绕打赢长江保护修复攻坚战目标任务，不断地抓好有关劣Ⅴ类水体的整治、入河排污口排查整治、"绿盾"专项行动、"三磷"排查整治、打击固体废物环境的违法行为、成立饮用水水源地专项行动小组、构造城市黑臭水体整治中心，落实省级及以上工业园区污水收集处理整治八项重点工作，确保按时圆满"交账"。

4. 推动重点领域节能

着力开展工业、建筑、交通、商贸流通、公共机构等重点领域的节能工作，大力发展节能服务业，加强重点用能单位的监管，强化节能目标责任考核制度建设。实施重点用能企业节能行动，严格淘汰落后产能和限期污染治理，积极推动重点企业能源管理体系建设，加强能源的监测和审计，实施工业能效提升计划，加强重点节能技术、设备和产品的推广和应用，提高企业能源利用效率。加快淘汰落后产能，充分发挥市场机制作用，综合运用法律、经济和必要的行政手段，加快形成有利于落后产能退出的市场环境和长效机制。

5. 保护沿江生态系统

巩固退耕还林成果，继续抓好嘉陵江生态绿化工程、绿色通道、湿地保护、天然林资源保护、野生动植物保护和小型自然保护区工程等生态工程建设，禁捕野生动物，保护野生动物种群数量；禁止在沿江两岸乱采滥挖砂石，尽快恢复由于工程建设采石、取土所造成的岸基植被破坏；加强沿江两岸天然林保护和坡耕地退耕还林工作的责任；在树林稀少的水岸线和漫滩地带，需要大力营造护堤林和护岸林；努力打造一批"优美乡镇""生态新村""绿色学校""绿色企业"，积极构建环境优美、空气清新、生活舒适的生态社会体系，进一步实现"人与自然和谐共处"的社会建设。

6. 共筑长江上游生态屏障

坚持"区域协作、整体联动、共建共管"原则，共筑长江上游生态屏障。

一是力争将嘉陵江绿色生态屏障建设纳入国家战略层面。南充应主动与上下游地区加强联系，力争将嘉陵江绿色生态屏障建设早日纳入国家战略层面，争取国家相关部门更多的政策、项目和资金支持。

二是沿江县（市、区）应以文游融合发展为切入点，根据中共四川省委对加快推进文化旅游融合发展的总体定位和各地发展现状，依托嘉陵江绿色生态经济走廊建设，采取差异化发展策略，重点建设沿江立体综合交通走廊和打造文化旅游特色小镇，形成"各具特点、串联成线"的嘉陵江生态文化旅游走廊。

三是着力培育沿江经果林产业带。沿江县（市、区）应结合乡村振兴战略实施和嘉陵江自然风光，着力规划培育沿江乡村特色经果林产业带，将产业基地打造为城市居民到乡村休闲旅游的目的地，助推以嘉陵江为纽带的特色生态文化旅游产业快速发展。

第三节　广安篇：成渝地区双城经济圈的国家生态文明建设

推动长江经济带发展，是以习近平同志为核心的党中央做出的重大决策，是关系国家发展全局的重大战略。嘉陵江是长江上游的一条重要支流。加快建设嘉陵江流域国家生态文明先行示范区，对于确保长江生态安全、保护流域广大人民群众身体健康和生命安全具有十分重要的现实意义和深远的历史意义。2015 年 12 月 31 日，国家发改委、科技部、财政部等多部委发出了《关于开展第二批生态文明先行示范区建设的通知》，同意四川省嘉陵江流域（包括南充、广安、广元、绵阳、遂宁、德阳六市）等 45 个地区开展生态文明先行示范区建设工作。2018 年 6 月，中共四川省委十一届三次全会明确提出"建设嘉陵江流域国家生态文明先行示范区"战略。广安市抓住难得机遇，创新工作举措，解决污染防治突出问题，搞好生态环境保护，建立健全相关制度，将嘉陵江流域四川段内国家生态文明先行示范区建设好，努力为全国生态文明建设作好示范。

一、践行嘉陵江流域国家生态文明先行示范区

2018 年 9 月，广安市委五届六次全会审议通过了《建设嘉陵江流域国家生态文明先行示范区推进方案（2018—2020）》。方案严格落实主体功能定位，空间格局更加优化、绿色发展效益凸显、资源利用更加高效、生态环境持续改善、制度体系不断健全。

（一）不断筑牢绿色生态屏障

广安市将区域环境污染防治、环境质量改善和环境风险防控有机衔接，划定并严守生态红线，保护重要生态功能区和生态环境敏感区。整合自然资源、生态环境、水务等部门各类政策资金，按照"分区部署、分类整治、系统保护、因地施策"原则，有序有力筑牢全市生态屏障。截至 2020 年 10 月，全市划定生态红线 177.94 平方公里，完成营造林 20 万亩、加快推进嘉陵江岳池、武胜段和渠江广安、前锋、华蓥段生态画廊建设，森林覆盖率达到 39.15%。

（二）不断完善污染共治体系

以水环境质量为核心推动区域污染综合整治。对内实行境内小流域水环境生态补偿，完善全市空气质量网格化微站。对外与广元、南充、重庆等地联合开展重污染天气联防联治、跨境流域联合治理、环境执法联合演练等深度合作，推动区域共治共享。截至 2020 年 10 月，全市累计结算水环境生态补偿资金 2096 万元，纳入考核的 4 个国控断面和 1 个省控断面水质全部稳定达标。2019 年空气质量在全国 168 个重点城市中排 19 名，改善幅度排 14 名，提前一年达标。

（三）不断优化流域生态环境

开展"用双脚丈量河流"行动，在全域构建"一河一图"，针对每条

河流制定"一河一策"。分类开展清河、护岸、净水、保水"四大行动"和城镇生活污染治理、工业污染防治、畜禽养殖污染防治、农业农村污染治理、饮用水安全保障等"洁净水"八大专项行动。截至 2020 年 10 月，市级河长带队巡河 50 余次，全市发现问题 5748 个，完成整改 5724 个，整治侵占河道 28 处、非法采砂 4 处，清淤疏浚河道 73 公里，拆除关停畜禽养殖 1054 处，终止水库承包养鱼合同 342 余处，江河网箱已全域取缔，化肥农药施用连续四年实现零增长。

二、全面统筹谋划并落实河长制

2019 年以来，广安市按照省委对广安发展的准确定位，全面落实河长制工作，加快建设嘉陵江流域国家生态文明先行示范区，牢筑长江上游生态屏障，有效保障了嘉陵江出川断面达到 II 类水质，其主要支流渠江出川断面稳定在 III 类水质。

（一）全面统筹谋划

2019 年 2 月 12 日、6 月 24 日，市委书记、市总河长李建勤先后召开全市第一次、第二次总河长会议，高位部署推动。出台《广安市总河长制运行规则》《广安市 2019 年度全面落实河湖长制工作要点》，制定嘉陵江广安段 2019 年四张清单，梳理出流域内的问题清单 18 项，任务清单 21 项。

（二）集中治理乱象

深入开展"用双脚丈量河流"行动，对各条河流存在的污染源、乱象进行深入摸排，建立问题清单，逐月收集汇总，督促整改销号。2019 年以来，嘉陵江广安段各级河长累计巡河 8406 万人次，摸排污染源共 78 个，已完成整改 71 个。扎实开展嘉陵江流域清"四乱"工作，制订工作方案，明确工作范围、人员和时间节点，以乡镇为主体，以部门为指导，组成工作小组，对嘉陵江沿线的污水处理站、养殖场（户）、垃圾处理站、农家乐、饮用水源地保护区等进行排查。目前我市嘉陵江流域"四乱"问题共计 19 个，已全部完成整改。

（三）强力攻坚治污

广安市对照全年工作要点及各级河湖年度四张清单，强力推进污水处理厂（站）建设改造，2019 年新建城市污水管网 6.3 公里、乡镇污水管网 14.65 公里，污水处理厂在建 1 座、提标升级 1 座。加快推进垃圾处理设施建设，增强保洁人员配备，按照"户集＋村收＋镇运＋县处理"模式在干流 103 个村建立了全覆盖垃圾治理体系。开展嘉陵江流域禁养区内规模养殖场全面清理排查，确保全部关闭搬迁、防止死灰复燃。

（四）加强水质监测

在完善市级河流按月监测水质的基础上，广安市将 40 条县级河流纳入水质监测范围，按季度监测通报，水质改善情况作为考核各级河长的重要内容。采取同步采样、交叉分析等方式，市河长制办公室组织相关部门不定期开展监督性监测。全市县级河流共设置监测断面 71 个，开展季度性监测 2 次。

2019 年 10 月 21 日，广安市持续打好污染防治攻坚战，深入开展"用双脚丈量河流"行动、"洁净水"专项行动，全力推进农村人居环境综合整治等方面取得了一定成效。

2019 年 11 月 20 日，广安白云湖国家湿地公园宣教中心迎来了一群小学生，在寓教于乐中，给孩子们上了一堂生动的湿地宣教课。该湿地公园始建于 2016 年，是广安首个国家级试点湿地公园，也是全市面积最大的湿地公园，总面积达 1236.67 公顷，湿地面积占比超八成，包含库塘、稻田、河流和洪泛湿地等多种湿地类型。白云湖国家湿地公园，是广安加强生态文明建设，特别是推进河（湖）长制工作的一个缩影。湿地公园的建立，对于渠江流域水土保持水源涵养及生物多样性的维持有重要价值。广安地处成渝经济区腹地，是长江一级支流嘉陵江、二级支流渠江的流域地，也是嘉陵江、渠江、大洪河、御临河等 16 条跨界河流出川的最后一道生态屏障。全面推行河（湖）长制工作以来，广安交出一份亮眼"答卷"——纳入国控、省控考核的 5 个断面水质全部达标，嘉陵江、渠江出川断面稳定达到地表水 II 类水质，御临河、大洪河出川断面稳定达到地表水Ⅲ类水质，西溪河、芦溪河、酉溪河、长滩寺河、清溪河等重点小流域水质逐步改善，全市县级及以上和乡镇集中式饮用水水源地水质达标率为100%、96.3%。

三、生态文明先行示范区建设初见成效

建设嘉陵江流域国家生态文明先行示范区，是省委十一届三次全会给广安的战略定位，是打造嘉陵江流域明珠城市的重要载体，是建设美丽繁荣和谐广安的迫切需要。通过广安市各地各相关部门的共同努力，嘉陵江流域国家生态文明先行示范区建设初见成效。

（一）工作专班高效运行

建立专班工作运行机制，市里/区组建工作专班并督促各区市县（园区）党委（党工委）、政府（管委会）成立工作专班，同时组建督查组进行专项督查。重点工作强力推进。截至2019年9月底，广安城区优良天数244天，优良率89.4%；纳入考核的国控、省控断面水质全部稳定达标，城市集中式饮用水水源地水质达标率为100%；土壤环境质量总体稳定。严守生态保护红线，科学编制"三线一单"，华蓥山、明月山和铜锣山等长江上游重要生态屏障和嘉陵江自然岸线得到有效保护。重点项目有序实施。2019年实施的69个重点在建项目中，枣山园区完成压缩式二号垃圾中转站建设并已投入营运，前锋工业园区综合能源项目、武胜县畜禽粪污资源化利用项目等正有序推进。

（二）流域生态保护融入成渝双城经济圈

建设嘉陵江流域国家生态文明先行示范区对推进绿色发展，弘扬生态文化，倡导绿色生活，努力把广安建成川渝绿色低碳发展副中心、"红色—绿色"旅游城市样板区、生态文明机制创新实验区、国家生态文明先行示范区样板市具有重要的推动作用。广安市委市政府要求，各民主党派、工商联和知联会要立足自身优势，深入开展调查研究，建睿智之言、献务实之策；要充分发挥小平故里优势和紧邻重庆优势，主动向民主党派中央、省委汇报，争取更多中省层面项目政策资金和人才智力支持；要推动在各

区市县（园区）建立民主党派产业示范基地，争取成为民主党派中央、省委调查研究的首选地和社会服务的实践地。

（三）出台全省首个污水处理地方性法规

广安市着力顶层设计，出台全省首个污水处理地方性法规。送一江清水东去，造两岸生态河湖，一幅"水清、岸绿、河畅、景美、人和"的生态画卷正在广安徐徐展开。

进入冬季，长滩寺河的枯水期已经到来，河流的生态容量一天比一天小。但广安岳池县九龙街道党工委书记、长滩寺河街道河长尹守斌却不担心，他指着不远处长满水生植物的水池说："只要人工湿地在运转，污水流不进河里。"湿地内有两道污水防线——长满植物的30个滤池和除磷管，可以在6个小时内有效将周边1.5万户居民生活污水净化成达标的干净水。长滩寺河曾存在黑臭水体、污染物直排入河等问题，如今通过多重防护、生态去污，这条河变成了市民休闲散步的"清水河"。长滩寺河水质提升的背后，是广安河湖的悄然"变脸"。

1.打造"攻坚队"——突出河（湖）长挂帅出征，地方党政主要领导担任本级总河长，各级分级分段设立河（湖）长，建立起"河（湖）长＋"组织体系，覆盖市县乡村四个层级和河库塘堰渠五大水体。同时探索"河（湖）长＋警长""河（湖）长＋检察长""河（湖）长＋网格长"等多种形式，推动河（湖）长制工作落到实处。目前，全市设立河（湖）长2440人、警长1586人、检察长65人、网格长125人。

2.发布"作战令"——印发《广安市总河长制运行规则》，有效规范河（湖）长制运行。颁布实施《广安市城乡污水处理条例》和《广安市集中式饮用水安全管理条例》，这是全省首个市级层面针对污水处理制定的地方性法规和全省第一个引入河长制工作的地方性法规。同时在市、县、乡分别设立河长制办公室，全面组织、协调推进河（湖）长制各项工作。

3.构建"督战组"——加强日常监督，在全省首创"河长制工作日常考核负面清单三十条"，对重点区域、重点领域、重点行业开展暗访督导；加强媒体监督，市级媒体设立宣传专栏和曝光台，宣传推广全市河（湖）

长制工作成效，曝光典型涉水违法案例；加强综合考评，对河（湖）长日常巡查、督查督办、问题整改、"清四乱"行动任务落实情况进行考核，倒逼河（湖）长落实工作责任。

（四）着手基层治理，深入开展"用双脚丈量河流"

2018年8月27日，广安市委主要负责人提出开展"用双脚丈量河流"行动，要求坚持问题导向和目标导向，用双脚丈量每一条河流，分组查清河流取水口、排污口、垃圾场以及流域范围内按规定关闭的畜禽养殖场、工厂等，并逐一上图标明，实行"一河（湖）一图"，建立完善"一河（湖）一档"，挂图作战，销号管理。

2020年9月4日，广安市2020年第2次总河长会议审议并通过了《广安市"用双脚丈量河流"行动规范（试行）》，将广安这一特色工作标准化、制度化。截至目前，各级河（湖）长累计巡河70万余次，排查出污染源18941个，整改销号18884个。

在渠江明月沱经营餐饮船的邓先飞，对这几年渠江水质的变化深有感触："以前，我们船上的污水直接排到江里面，现在船上全部配备了污水收集池，最后要上岸集中统一处理。"

华蓥市河湖保护中心李天福表示，当地为保护渠江水质，严格要求沿岸餐饮船安装生化处理装置，实行餐厨垃圾转移处理，杜绝污水漏排、直排。此外，每年在渠江华蓥段投放鱼苗20余万尾……通过这些有效举措，渠江水质由原来的Ⅳ类水质上升到现在的Ⅱ类水质。

整治河湖污染，要坚持底线思维，要树立系统意识，拓宽全局视野。广安全面推动"清四乱"专项行动和砂石、码头规范整治，整改完成省级反馈和自查发现问题78个，依法整治码头及装卸点32个；全市已整治"散乱污"企业294户，整治禁养区内养殖场1064家；79座水电站全部完成工程整改，并通过水利部、国家发改委抽查和省级核查组验收。全域规划建设城市、乡镇、新农村污水处理设施，构建城乡一体的生活污水防治体系。2017年以来，全市累计建成城乡污水处理厂（站）194座，投入运行167座，达标排放163座，运行率、达标率分别达到86.1%、97.6%。

2020年10月广安已完成矿山复绿143公顷、人工造林7263公顷、封山育林2830公顷、湿地保护修复2420公顷、河湖水系连通7.2公里、石漠化整治3426公顷、水土流失治理8702公顷。

（五）流域保护坚持校地合作的科学治理

11月27日，2020年度广安市河长制、长制工作研修班开班仪式在小平干部学院举行。

武胜县河长制办公室姜峰表示，"通过培训，我们提升了理论知识，有助于加强对河湖的科学治理与保护"。科学治理与保护的背后，是专业技能的提升。该研修班由河海大学承办，作为一所以水利为特色的教育部直属高校，河海大学与广安的结缘始于去年。2019年9月29日，《广安市人民政府与河海大学战略合作框架协议》签署。双方确定，在人才培养、科技合作、战略咨询等方面开展广泛合作，努力在水资源保护利用、河湖环境治理、涉水产业发展等领域实现资源统筹、优势互补、共赢发展。目前，广安正与河海大学、水利部水利水电规划设计总院的专家合作，已形成嘉陵江、渠江、西溪河等流域2021—2025年的"一河（湖）一策"研究成果；河海大学已组织两支大学生社会实践团队、15名河海学子赴广安实训，开办两期河（湖）长制培训班，培训河（湖）长近300人次；重庆市水电设计院广安分院已完成广安市水量分配方案、广安市防汛减灾和地质灾害防治综合演练脚本等项目5个，正在开展全市"十四五"规划大型项目前期工作。着眼长远的不仅是校地合作。为持续巩固河（湖）长制成效，确保江河碧水长清，广安打出一系列组合拳：

借力专业化。采用PPP合作模式，通过公开招标引进中国水环境集团，统一实施1市2区3县108个乡镇近30亿元的治水项目，目前全市共有134座污水处理厂站由专业公司运营，专业化运营率达69%。

借力信息化。2019年10月，广安建成河长制信息化平台，并与省级一张图系统对接，这个包含了广安市河长制信息化管理系统、河长巡河App和广安市河长制办公室微信公众号的平台，有效提升了河（湖）长制工作信息化水平。

借力法治化。广安市河长制办公室会同相关部门定期开展联合执法，2017 年以来共立案查处环境违法案件 85 起、违法捕鱼 145 件。加强与上游达州市、南充市和下游重庆市合川区、长寿区、渝北区的沟通合作，市、县两级共签订 20 个跨界河流联防联控框架协议，联合执法 16 次，共同解决涉水问题 22 个。

"全面推行河（湖）长制工作以来，广安认真贯彻中央和省委、省政府关于生态文明建设的决策部署，把落实河（湖）长制、建设幸福河湖作为一项重大政治任务，加快建设嘉陵江国家级生态文明先行示范区，全市水环境质量明显改善。"广安市水务局党组书记、局长欧光贵表示，下一步要推进川渝跨界河流治理"四乱""四排"问题以及跨界河流联防联控联治工作，为加快推动成渝地区双城经济圈建设，筑牢长江上游生态屏障贡献更大的力量。

四、编制"十四五"期间生态环境保护与经济社会发展规划

充分总结和认识当前广安市生态环境保护现状、"十三五"环境保护规划目标指标完成情况、重点工作落实情况和存在的短板问题，才能更好认识和"十四五"时期生态环境保护面临的重点、难点问题以及"十四五"期间生态环境保护工作思路、重大工程和项目需求。目前，规划编制调研组一行下赴各县（市、区）开展"十四五"生态环境保护规划编制及广安市融入成渝地区双城经济圈建设生态环境保护路径研究调研，全面了解广安市"十三五"生态环境保护工作、成渝地区双城经济圈建设生态环境保护工作开展情况，为编制"十四五"生态环境保护规划提供了正确的方向。"十四五"生态环境保护规划关系到生态环境保护工作未来五年的发展方向，各县（市、区）生态环境局要高度重视、科学谋划、结合实际，着手开展县（市、区）"十四五"生态环境保护规划编制工作，并加强与市县相关规划的衔接。

编制好"十四五"规划是广安融入成渝地区双城经济圈建设等重大国家战略的重要抓手，对推进广安未来发展至关重要。广安市认真贯彻落实

习近平总书记关于"十四五"规划编制工作的重要讲话精神，贯彻以人民为中心的发展思想，坚持发展为了人民、发展成果由人民共享，把加强顶层设计和坚持问计于民统一起来，把新发展理念贯穿发展全过程和各领域，切实增强做好广安"十四五"规划编制工作的责任感和使命感。抢抓机遇，围绕推动成渝地区双城经济圈建设等国家战略中的重大政策、重大措施、重大项目、重大改革精心编制规划，确保"十四五"规划编制顺应人民意愿、符合人民所思所盼。

广安市坚持问题导向和目标导向，聚焦重大政策、重大项目、重大平台、重大改革，科学编制规划。围绕广安未来发展目标、存在的弱项和短板以及群众关切的热点问题，科学制定"十四五"时期的工作思路、目标定位和重点任务，解决好制约广安嘉陵江流域生态环境保护路径未来发展的突出问题。要借智借力，互联互通，一手抓对上争取、对外协调，一手抓苦练"内功"。加强对上争取，强化与国家部委、省直部门和重庆有关方面的汇报，做好规划的有效衔接，实现国家"大盘子"中的广安、成渝地区双城经济圈中的广安、全省布局中的广安"三个广安"相统一；推动规划编制顺应人民意愿、符合人民所思所盼，让人民群众有更多获得感、幸福感、安全感。

第四节　重庆篇：嘉陵江绿色经济走廊的新发展格局

长江流域中最大面积的一条支流——嘉陵江，处于南北丝绸之路的起点。嘉陵江被描述为"北连丝绸之路经济带，南接长江经济带，是古代丝绸之路的重要组成部分"。沟通了西部的四个省（市），30多个县（市、区），既是中国西部生态和经济平衡发展的重要走廊、纽带和动力杠杆，也是富有诱惑、极具影响的世界级文化旅游品牌。

一、助推嘉陵江流域生态发展绿色崛起联盟

嘉陵江是长江重庆段最大的支流，重庆市区就处于长江和嘉陵江的交汇处。2018 年 8 月，重庆以"纪录片 +"模式探路嘉陵江流域文旅融合发展。嘉陵江流域的四省市强强合作、正式组建了 30 多个区县联盟的"嘉陵江国际文化旅游产业联盟"，未来合力建造"嘉陵江绿色经济走廊"和"嘉陵江文化旅游产业带"，联手将嘉陵江的绿水青山转变成金山银山。

2018 年 8 月 3 日，重庆市等嘉陵江流域地方政府成功在北京举行了有关《嘉陵江》系列的大型纪录片的跨媒体行动启动仪式暨首届嘉陵江文化旅游产业论坛。最先发起者是四川省南充市人民政府、重庆市合川区人民政府、甘肃省陇南市人民政府和陕西省凤县人民政府，公布了正式成立沿江 30 多个区县积极参加的"嘉陵江国际文化旅游产业联盟"；统一在合川区人民政府区长徐万忠领导下，估计约 30 个市、区、县文旅机构的当官联合发布了《嘉陵江绿色宣言》——"同饮一江水，共爱母亲河。让母亲河永葆青春与活力，让绿水青山变成金山银山。珍爱嘉陵江自然生态，共塑嘉陵江绿色品牌，探索嘉陵江绿色崛起！"

2020 年 10 月 25 日，四川省广元市朝天区顺利地开展了第二届嘉陵江文化旅游节，川陕甘渝等相继有 26 个市区县单位一致认可《嘉陵江绿色发展朝天宣言》，努力抓紧成渝地区双城经济圈建设、长江经济带、"一带一路"等宏大的战略时机，坚持实施全方位、开放合作的方针，共创共建"嘉陵江绿色经济走廊"和"嘉陵江文化旅游产业带"。

为加强推进联盟执行的高效性、效益的明显性，在这届文化旅游节上，所属单位一致通过《嘉陵江绿色发展朝天宣言》，有以下重要内容：

同心携手共抓大保护。坚持共抓大保护、不搞大开发的原则，协同推进嘉陵江流域生态环境保护合作联防联治措施，把嘉陵江建成"绿水青山就是金山银山"示范带和嘉陵江流域产业转型升级示范带。

同心携手共享大资源。积极开展交流与合作，充分整合沿江优势资源，搭建嘉陵江流域综合资源信息共享平台，建立并完善嘉陵江流域综合开发协同联动机制。

同心携手共创大品牌。坚持以嘉陵江流域为纽带，共同争取多方支持，合力打造嘉陵江沿线精品文旅线路和特色文化旅游的产品，共同培育嘉陵江文旅大 IP。

同心携手共谋大发展。积极抢抓"一带一路"、长江经济带、成渝地区双城经济圈建设等重大战略机遇，实现全方位深化开放合作，携手打造"嘉陵江文化旅游产业带"和"嘉陵江绿色经济走廊"。

二、加强检察协作与共管共护嘉陵江流域生态保护

1. 重庆市内 7 个区的检察院签订了嘉陵江流域生态环境资源保护协作意见

2020 年 5 月，重庆市检察院第一分院区域内的嘉陵江流域的江北、沙坪坝、北碚、渝北、合川、潼南、铜梁 7 个区检察院联合签下了《关于建立嘉陵江流域生态环境资源保护公益诉讼检察跨区域协作机制的意见》（以下简称《意见》），构建了嘉陵江生态资源保护的公益诉讼检察跨区域的合作机制。《意见》明确制定了六大协作处理的机制，创办的常态化协同机制主要针对联合巡查、调查取证、案件线索移送、协同办理案件、开展专项行动、协同生态修复等内容，细分合作模式，保障案子顺利解决。

由相关部门的意见可知，协作的相关法院主要巡查活动有跨区域联合巡江、巡河、巡湖、巡山等，确保新线索的及时捕捉、治理整改的贯彻执行。还应及时移交案子线索于负责法院，以此实现全方位的监管，杜绝不良现象的发生。在处理类如嘉陵江流域生态资源的公益诉讼时，相互合作，由法院强力的配合进行跨区域的沟通协调、调查取证，从而给予负责单位方便办案的程序。在共同管治的嘉陵江生态环境和资源保护的刑事案例中，如若表明必须附带民事公益诉讼，则需集中管辖院移交这些线索到负责院。所有协作院应有效地展开专项活动，积极取得"办理一案、治理一片"的

治理成绩。每个年度可专门就破坏水生物资源、流域污染、非法占用资源、非法采砂采矿等重点问题，利用重庆市检察机关建立/拟定的渔业生态修复司法和保护示范基地等方式，统一大搞补植复绿增殖放流活动，多措并举促成恢复流域生态发展。

2. 增强水生态环保意识的嘉陵江"净岸行动"

2019年6月18日上午，重庆渝中区的长江、嘉陵江两江流域岸线一致进行了2019年"净岸行动"，增强爱江护江的水生态环保意识。渝中区地处长江上游、三峡库区腹心地带，辖区水陆域面积23.24平方公里，其中水域面积3.16平方公里，岸线长度19.1公里。此次"净岸行动"以集中行动和涉河街道行动两种形式展开，全区各级部门、各人民团体，包括区属重点国有企业、市驻区部门干部职工，各街道干部职工、社区工作人员，以及居民群众志愿者共万余人参与，成立20支志愿者队伍，共同维护母亲河生态环境，对两江沿岸进行巡河巡岸、清扫保洁，清理江岸固体废物（生活垃圾、建筑垃圾、僵尸车辆、僵尸船舶等），对污水偷排、直排、乱排问题进行清查，劝阻垂钓、游泳等行为，排查治理两江沿岸生态环境问题。切实让辖区居民树立"绿水青山就是金山银山"的生态环保护理念。

近年来，渝中区水环境质量总体稳定，市控嘉陵江大溪沟段面地表水水质稳定达到Ⅱ类标准；大溪沟饮用水水源地水质达标率稳定保持在100%；水环境安全保持"零事故"。这次的渝中区专项活动主要围绕打造"河畅、水清、岸绿、景美"的生态环保主题，目的是能够凭借"净岸行动"的作用，逐步强化市民爱江护江的水环境生态的环保意识，全力营造两江沿岸线"共巡、共护、共管、共治"的良好局面，确保行动取得长效。渝中区此次专项整治主要围绕打造"河畅、水清、岸绿、景美"的生态环保主题，依靠"净岸行动"的影响，不断深化市民爱护水环境的环保价值观，奋力打造该江沿岸线"共巡、共护、共管、共治"的良好局面，确保行动取得长效。

3. 川渝开展嘉陵江流域生态环境保护协同立法调研

嘉陵江是长江上游左岸的一条重要支流，是上游区域重要的水源涵养地和生态屏障。有关政府深入贯彻习近平生态文明思想和党中央关于推动成渝地区双城经济圈建设战略部署，切实落实全国人大常委会对地方人大提出的"着眼于推动我国区域协调发展，围绕区域发展战略和特点抓好协同立法"的新要求，统一思想、统一认识、统一步调、密切协作、加强协调，共同推进嘉陵江流域生态环境保护立法工作，确保立法任务顺利完成。2020年9月15日，四川省人大常委会、重庆市人大常委会到阆中市开展嘉陵江流域生态环境保护立法调研。调研组一行先后实地视察了阆中市郑家坝饮用水源地、七里新区金沙污水处理厂、构溪河低坎电站，并通过站点负责人的介绍，详细了解城乡污水处理、水域岸线管理、饮用水源地保护、湿地保护与修复等嘉陵江流域生态环境保护的情况。

4. 川渝联合进行嘉陵江跨界突发环境事件应急演练

2020年11月26日，四川省、重庆市两地落实《跨省流域上下游突发水环境污染事件联防联控机制》，联合举行2020年嘉陵江川渝跨界突发环境事件应急演练。演练模拟四川省广安市武胜县街子化工园区某化工厂甲苯储罐发生燃爆事故导致甲苯泄漏，泄漏甲苯随消防水进入嘉陵江次生突发环境事件，对合川区嘉陵江水质造成影响，危及沿线古楼、钱塘、云门及合川城区饮用水源地的环境安全。

事件发生后，合川区政府随即启动《重庆市合川区突发环境事件应急预案》，重庆市生态环境局接报后启动《重庆市生态环境局突发环境事件应急预案》，并与四川省生态环境厅沟通，启动四川省、重庆市《跨省流域上下游突发水环境污染事件联防联控机制》。开展了"应急信息报告""应急响应和指挥调度""污染拦截处置""应急监测""水厂深度处理""公共秩序维护""舆情监控和新闻发布"7个科目的实战演练。

演练中，重庆市生态环境局、四川省生态环境厅、重庆市合川区人民政府、四川省广安市人民政府等两省市多部门联动，通过川渝两地联合应急响应、污染防控处置、信息互联互通，密切协同作战，充分发挥"政府主导、部门联动、企业主体、专家支撑、社会救援"突发环境事件应急机制，成功避免了一次化工企业安全生产事故次生的跨省界突发环境事件，避免了重特大突发环境事件的发生。事件发生后，第一时间召开了新闻发布会，向媒体通报此次事件的具体情况，做好舆情引导，积极回应群众关切。

据悉，此次演练所动用的人员、物资、装备是近年来环境应急演练方面最多的一次。川渝两地共出动参演单位 46 个、参演人数 410 余人、参演车辆 71 辆、参演船舶 26 艘、无人船 4 艘、无人机 12 架，实现了水、陆、空立体联合作战，对大型船舶无法靠近的河道水质，还探索使用了无人机采样监测技术，同时调度无人测流船协助水利部门对拦截断面的流速、流量进行测定，充分检验了川渝两地上下游携手共同处置突发环境事件的联合应对能力，磨合了联防联控机制，锻炼了环境应急队伍，检验环境应急装备，提升了环境应急处置能力。

2020 年以来，川渝两地先后建立了水污染联防联治、大气污染联防联控、危险废物跨省转移、环境执法、应急等方面的 8 项机制。两地接壤的 12 个区县生态环境部门积极开展工作交流，在环境应急演练方面，重庆市渝北区、潼南区、荣昌区等与四川省广安市邻水县、遂宁市、内江市隆昌市、泸州市泸县分别邀请和派员参加了接壤市县环境应急演练、重庆市大足区与四川省资阳市于 2020 年 10 月开展了跨省交通事故引发饮用水源地突发环境事件综合应急演练；在环境隐患排查方面，重庆市合川区、潼南区、梁平区等与四川省相邻市县联合开展了环境隐患排查，降低了突发环境事件风险。

三、充分发挥嘉陵江流域的港口水运优势

嘉陵江源远流长，是流经城市产业发展和人民生活的重要资源和支柱。

重庆位于中国内陆的西南地区，隶属长江上游地区的经济、金融、科创、商贸和航运物流运输中心、国家物流交通枢纽点、开发西部的主要战略支点、"一带一路"沿线和长江经济带重要交会点及内陆开放的首要高地。2010 年获批的两江新区即是重庆市管辖的国家级新区、副省级新区，也称得上是我国内陆地区第一个国家级类型的开发新区，承上海浦东新区、天津滨海新区后，是第三个直接由国务院审批的国家级开发新区。该新区由长江以北、嘉陵江以东的便利位置而命名，管辖范围包括北碚区、江北区、

渝北区 3 个行政区中的部分区域，规划所管辖区域总面积达到 1200 平方公里。

2020 年 10 月，嘉陵江航道首个集装箱班轮从四川广元港红岩作业区起航，此条集装箱班轮航线的成功开通也将进一步深化成渝合作以及双城经济圈的建设，大大降低物流成本。

重庆果园港是重庆两江新区打造的内陆国际物流枢纽重要组成部分，属于我国内河建设以来最大的水、铁、公三路联运港。约 30 公里的路程到重庆朝天门、5 公里的行程到渝怀铁路鱼嘴中心站、15 公里到江北国际机场和绕城高速横贯港区，果园港的打造极大便利了物流运输，紧密串联好了在水、路、铁、空立体的物流网络。设计果园港之际的年总运输量达 3000 万吨，包含 200 万标箱的集装箱吞吐能力，600 万吨散杂货，100 万辆商品汽车。广元至重庆集装箱班轮开行之前主要是以散货运输为主的货船运输方式，面临着作业效率低、运营成本高、货物损害大等诸多弊端。该趟集装箱班轮满载了由 32 个标准集装箱装载的 700 吨产于甘肃明珠矿业公司的重晶石粉，从江海联通往辽宁营口港，目的地为盘锦市。此趟班轮的开行将极大丰富嘉陵江的水路货物运输种类，通过减少货物在重庆果园港水中中转时间，提高了港口的装卸效率，减少了环境污染，并通过"散改集"降低运输成本。

开行广元到重庆的集装箱班轮率先打破了无集装箱运行过嘉陵江流域航线历史的空白。在逐步减少物流开支、激发流域内需、帮助建造长江上游干支融合发展的航流运输网及推动成渝双城经济圈形成新发展格局等方面都大有裨益。

为加速打造国家级物流枢纽功能平台，不断丰富航运网络，果园港积极开展对外合作，先后与宜宾、泸州、攀枝花、西昌、南充等城市达成合作协议，形成了链式合作线条，目前正与成都市的青白江铁路港协建国家级的物流枢纽。

另外，果园港积极与泸州港、宜宾港、寸滩港建设四港联动平台，积极学习国内外运输枢纽的成功案例，如西部陆海新通道、中欧班列等物流线路，促进多方的互帮互助，齐心协力创建集装箱一体化运输平台。

附录　国外的跨流域生态补偿

　　西方发达国家为实现生态补偿资金在时空上的高效配置，相关生态补偿政策的研究倾向于利用计量经济技术方法。诚如，1970 年来自美国麻省马萨诸塞大学的 Larson 等学者首次利用计量经济技术构建的湿地快速评价模型，帮助政府颁发湿地开发补偿许可证。1993 年荷兰在修建高速公路时也将生态补偿原则作为重要因素之一纳入考虑，当时生态补偿是指对因人为活动而受损的生态系统进行修复或者重建来弥补生态服务功能的损失的一种做法，因此，人们采取的生态补偿手段也重在生态修复、重建或建设，补偿费用仅仅是生态环境保护和建设的辅助手段之一。

　　国际上，有关生态服务市场的应用研究最早是在流域的管理规划领域，比较典型的有：美国的田纳西河流域、科罗拉多河流域和澳大利亚的达令河流域等。田纳西河流域管理的最大成功之处就在于，以电力的盈利为流域的综合开发和管理提供了强大的资金支持，从而形成良性循环；1986 年美国对流域周围实行"休耕计划"的耕地和草地所有者进行补偿；此外，哥斯达黎加水电公司对上游植树造林的资助也是比较典型的流域生态补偿模式。随着实践案例不断增多，理论研究也进一步深入，有关生态补偿模式的理论成果也逐渐丰硕，国外学者将生态补偿概念近似地理解为"环境服务付费"（Pay-merit for Environmental Services，PES），即依据生态服务功能的价值量支付生态环境保护者和建设者的劳务费用，以此激发这些生态环境保护者和建设者的积极性。

总体看来，国外对生态系统生态效益补偿所进行的研究和实践最多，应用上，多数国家是通过公共财政转移支付、经济激励以及市场激励等手段并举实现生态效益的提高，具体来看，要点在于根据机会成本损失确定补偿标准、采用多学科综合研究的方法（尤其重视经济学分析方法的应用）、补偿主体以政府为主（容易确定受益主体的，则以受益主体为补偿主体）。

第一节　达令河流域

流经澳大利亚东南部的达令河流域是澳大利亚最大的河流区域之一，南北跨度约 1300 余公里，东西跨度 1200 余公里，流域面积超 100 万平方公里，跨越澳大利亚多个行政区划，约占国土总面积的 14%，流域面积世界排名第 21 位，因此其流域管理项目也是全世界最大的整体流域管理项目，其所运用的综合治理以及整体协调的管理模式沿用至今，并且仍为许多专家学者所津津乐道。

作为唯一发育完整的水系，达令河流域的重要程度也是不言而喻的，根据澳大利亚宪法，达令河流经的各个州与辖区有同等自由支配区域水、土资源的权利，然而不幸的是，达令河流经范围广、区域多，各区域之间因自然、生态条件以及社会经济发展程度的不同而表现出显著的差异，这就给流域的整体管理造成了极大困难。因而要同时实现达令河流经区域水资源的充分利用及区域生态的完整性的保存，不得不从各区域的实际情况出发，具体问题具体分析，充分考虑区域差异性，有针对性地采取措施。基于此，联邦政府和各州统一了两项整体治理方案。

其一是确定流域整体管理构架，并明确相关管理规定。达令河流经区域较多，各区域对水资源的利用不可避免地存在诸多矛盾之处，要对流域实行整体管理，就必须要做好各区域的沟通协调工作，这是实行流域整体管理的第一步。此外，还需要明确相关的管理约定，以制度和立法的约束各区域加强协调和对话，共同做好流域的整体管理工作，这大体分两步执行：一是建立规则，流经区域的各个行政部门都要制定相关政策，成立相关的管理机构（部门）做好流域整体管理的协调工作，上传下达，切实做到权责清晰，避免部门重叠，将达令河流域的水资源利用和保护工作落到实处；二是执行协议，各区域行政部门积极配合，坚持整体治理共识，遵守协议约定，执行到位。

其二是实行水权交易。澳大利亚国土面积广阔，被海洋环绕，又位于赤道附近，因此气候类型复杂，大陆整体干旱缺水，水权交易是澳大利亚生态补偿模式中最主要的手段。联邦政府不断完善管理水平，通过引入市场机制，以水权交易方式促进水资源合理分配，提升水资源利用效率，有效应对水资源缺乏的压力。随着应用的深入，水权制度的科学性和实践性得到了广泛认可，并取得了亮眼的成绩，也逐渐推广到其他国家。相关水权制度的不断完善，结合各区域之间、区域内部之间行政制度的差异，水权交易方式也主线显现出多样化的特点，例如，在维多利亚就存在永久与临时、整体与部分、州际与跨地区等多种转让方式，并且，在转让过程中也有诸如要首先执行各区民意机关制定的相关制度要求、充分发挥市场作用、转让方式不局限于招标等相关约定。

第二节　科罗拉多河流域

发源于科罗拉多州落基山脉的科罗拉多河流域流经了美国西南部 7 个州，流域面积达 65 平方公里，流经区域气候差异明显，上游地区主要在落基山脉,年均降水量相对充沛,支流较多,下游地区处于干旱半干旱地区,年均降水量较低,支流数量减少,但城市众多,人口数量剧增,水量需求大、供给少,因而下游地区的水资源利用矛盾突出,纠纷不断。为平衡上下游地区的用水矛盾,科罗拉多河流域内相关区政府做出了努力,采取了多项措施管控分歧和纠纷。比较典型的有:

一是各州间协调机制的建立。19世纪20年代初,科罗拉多流域的各州代表经过长期的谈判磋商,最终达成了科罗拉多河流域的第一个水权分配协议——《科罗拉多河契约》,自此,有关流域水资源利用以及水权的谈判从未停止,谈判成果不断,包括1928年的《博尔德峡谷项目法案》等。此外,联邦政府还设立不同级别的协商管理组织,专门负责各地区之间进行沟通协调工作,确立水权分配方案,制定相关水资源利用协议,缓解各区域矛盾,解决争议,实现信息的互通。这些机构还负责对各州之间达成的水资源利用协议进行及时的修订和完善工作,在科罗拉多河流域长期的水权协调中发挥了重要的作用。

二是进行水权买卖。圣迭戈和洛杉矶因人口增长,水资源缺乏,为缓解缺水地区的水资源紧张局面,水资源充沛地区和匮乏地区开展谈判工作,经过双方多次谈判、沟通与协调,最终达成了一致约定,具体措施是:由洛杉矶投入两亿多美元,为上游地区修筑防漏设施,从而地区能节约一亿立方米灌溉用水并用于洛杉矶城市用水。与此类似,地区与圣迭戈签订协议,由圣迭戈负责加固上游地区防水设施,由此节约的用水转移到圣迭戈,最终实现水资源的充分利用和合理配置,实现共赢。

第三节　易北河流域

易北河起于克尔科诺谢山南麓，途经捷克西北部的波西米亚，在距离德累斯顿东南方向 40 公里处流入德国东部，由下萨克森州库克斯港汇入北海。为改善易北河水质，20 世纪 90 年代德国和捷克就进行过有关易北河的双边谈判，最终签订双方合作协议，对易北河流域实施生态补偿政策，确立了以减少流域两岸污染物排放、改善农用水灌溉质量、保护流域生物多样性为目标，并成立行动计划、监测、水文、灾害、预警、沿海保护、研究、宣传等 8 个专业小组，分别落实相应工作安排，以此共同治理易北河流域生态环境，这也是德国在生态流域补偿实践中较为成功的案例。依据双边治理协议，德国在易北河流域建立了占地面积 1500 平方公里的 7 个国家公园、200 个自然保护区，同时下达保护区内严禁建房、办厂或从事其他破坏生态平衡的集约化经营活动。经双方的共同努力，易北河生态补偿实践已取得了明显的经济效益和社会效益，目前，在易北河上游区域，其水质已经基本达到饮用水品质。

德国的生态补偿资金来源多样，主要涵盖下游对上游的经济补偿、排污费、财政贷款以及研究津贴等四个部分，其中排污费的收取方式是先由企业和居民统一交由污水治理厂，再由国家环保部门依据实际情况按照一定比例向污水治理厂征收。生态补偿金的使用有较为严格的要求，如 2000 年德国环保部转交给捷克 900 万马克严格用于建设捷德两国相交的城市污水治理厂，最终满足了双方的发展要求，实现了互惠共赢。

相比欧洲其他国家，德国是较早开展生态补偿实践的国家之一，利用横向转移支付模式筹集资金，为其补偿机制最大特点：资金到位、核算公平提供了保障。所谓的"横向转移"支付模式理解起来并不困难，即是说：资金由富裕地区直接转向贫困地区，并在转移过程中辅之以整套复杂计算，确定转移支付的数额标准来确保过程公平。简言之，通过资金的横向转移改变地区之间既得利益格局，实现区域之间公共服务均等化。"横向转移"支付有两种主要实施方式：其一，以计提分给各个州的销售税 1/4 后余下部分结合本州人数为依据直接划拨给州；其二，根据统一政策，财政盈余州直接划拨补助金给贫困州。

第四节 卡茨基尔河流域

美国纽约市的饮用水有"香槟级"饮用水之称，然而其约 90% 的饮用水来自上游卡茨基尔（Catskills）和特拉华河。

在美国，纽约市与上游卡茨基尔河流域（位于特拉华州）之间的清洁供水交易是生态补偿实践的典型代表。1989 年，美国环保局要求所有来自地表水的城市供水，水质不能达到相应要求的都必须建立水的过滤净化设施。在这种背景下，纽约市预估了安装水的过滤净化设施的费用与提高水质的费用。经过估算，安装水的过滤净化设施的总投资费用在第一年至少需要 63 亿美元（其中过滤净化设施至少 60 亿美元，运行费用至少 3 亿美元），但如果通过直接改善卡茨基尔流域的生态环境，改善流域内的土地利用和生产方式，从源头上提高水质使其达标，则需要在未来 10 年内投入 10 亿—15 亿美元，两相权衡，后者具有比较优势，换言之，纽约市选择服务投资卡茨基尔流域的生态环境具有明显优势。

在政府做出决策之后，水务局协商确立了流域上下游水资源、水环境的保护责任与补偿标准。其对上游保护生态的主体来说，主要以向水用户征收附加税、发行政府公债、信托基金等途径筹集资金，大力刺激其他的环境保护主体争相以环境友好型的方式生产，达到真正优化上游水质的目的。

历史发展有着诸多相似之处，即便是作为经济大国与世界强国的美国也不能例外，同样经历过传统的工业发展道路之后，美国也不可避免地面临着生态建设和环境保护的诸多问题，探寻一条生态建设与环境保护的科学发展道路，生态补偿越来越受到人们关注。为了刺激上游区域生态保护工作者的积极性，采取措施由流域下游区域的受益者（政府和居民）向上游区域对环境保护做出贡献的居民提供货币补偿，当然，在美国的流域生态补偿实践中，美国政府仍然是资金投入的主体。此外，美国政府还借用竞标机制以及责任主体自愿原则确定租金率，进而确定补偿标准，并使之与各地自然经济条件适应，不难发现，这种补偿标准实际上是不同责任主体与政府博弈的产物，是实现最优策略的选择，从而化解了诸多矛盾。

第五节　田纳西河流域

田纳西河流域位于美国东南部，干流全长 1046 公里，流域面积 10.6 万平方公里。流域内雨量充沛，气候温和，多年平均降水量 1320 毫米，年径流量 593 亿立方米。田纳西河流域历史上水灾频繁，交通不便，生产落后，1933 年常住人口 300 万，人均收入仅 168 美元，只有全美人均收入的 45%，是美国最贫穷落后的地区之一。经过 50 年的综合治理，1983 年该流域已发展成为一个工农业相当发达的地区。

田纳西河流域规划的制定与实施，由田纳西河流域管理局全面负责。根据 1933 年美国国会通过的法案，该局不仅被授权负责田纳西河流域水利工程建设，而且拥有规划、开发、利用、保护流域内各项自然资源的广泛权力。它既是联邦政府部一级的机构，又是一个经济实体，具有很大的独立性和自主权。管理局由三人组成董事会领导。董事会对总统和国会负责。董事长和董事由总统任命。管理局拥有一支包括规划、设计、施工、科研、生产、运营和管理等方面的专业队伍，人数在施工高潮时曾达到四万多人，目前仍保持有一万多人。

田纳西河流域规划和治理开发的特点，在于具有广泛的综合性。它在综合利用河流水资源的基础上，结合本地区的优势和特点，强调以国土治理和以地区经济的综合发展为目标。随着治理工作的推进规划的内容和重点也不断调整和充实，初期以解决航运和防洪为主，结合发展水电，以后又进一步发展火电、核电，并开办了化肥厂、炼铝厂、示范农场、良种场和渔场等实业，为流域农工业的迅速发展奠定了基础。

治理成就和效益：防洪发电与航运。在干支流上，已修建库容1亿立方米以上的大型水库32座，总库容达300亿立方米，其中调节库容171亿立方米，占全年径流量的29%。通过干支流水库调洪和河道整治，控制了田纳西河流域的洪水，也减轻了俄亥俄河和密西西比河下游的洪水灾害。据估计，自水库建成到1983年，累计防洪效益已超过20亿美元，是水库建设中防洪分摊投资的7倍。另一突出效益是发电与航运。自1944年全部航运梯级建成后，已使田纳西河形成一条长1046公里，最小水深2.74米的常年通航航道，并通过俄亥俄河和密西西比河与美国21个州的内陆航道及国际水道相连接。货运和航运量分别从1933年的100万吨和5000万吨公里增长到1980年的2930万吨和85亿吨公里。累计航运效益已比陆路运输节省运费达13亿美元以上。至1978年底，全流域已建大中型水电站34座，总装机365万千瓦，开发的水力资源已达蕴藏量的87%。连同1978年建成的拉孔山抽水蓄能电站（装机153万千瓦），水电总装机容量共517万千瓦。据1983年统计，全流域水、火、核电总装机容量达到3124万千瓦，为1933年的40倍，发电量增加到1112亿千瓦时，为1933年的60倍。全部电力装机中水电占14%，核电占18%，抽水蓄能占5%，其余为烧煤和烧油的火电。供电范围已达21万千立方米，大大超出田纳西河流域范围，为美国最大的电力系统。

随着洪水威胁的解除和航运事业的发展，流域内工业也有很大发展。

田纳西河沿岸先后已增加约35亿美元的工厂企业投资，为5万人提供了就业机会。流域内已建的化肥厂和试验室现已成为美国最大的肥料生产和研究中心，产品畅销全国，并远销欧、亚、拉美。方面，田纳西河流域管理局还举办了成百个示范农场和良种场，引导农民发展高产农田，使流域农业产值比1933年增长16倍，农业人口占总人口的比例由1933年的62%下降到1982年的6%。林业和渔业方面，由于大力发展水土保持，田纳西河流域已拥有约810万公顷绿树成荫的森林。林业产值1983年已达20亿美元。渔业发展也很快，水库鱼产量已从1933年的1.5万公斤增加到1140万公斤。田纳西河流域共建成100个大型国家公园、400个旅游休养区以及几百个路边公园、旅游宿营地和商业旅游区。它们星罗棋布地分布在流域区各湖泊、水库和河流岸边。

第六节　做法特点

一、构建完备的生态补偿制度

在国外的生态环境补偿实践中，制度保障尤为重要，这就要求各国相关部门建立健全法律法规，保障环境治理和保护生态环境。当前有关生态环境税收制度在经济合作发展组织（OECD）内的很多国家发展已比较成熟，美国的生态补偿政策已经融入各行业的法律法规，比较典型的有美国的农业法案，该法案中的很多条款都明确规定对各种生态环境问题实施农业生态补偿，日本是亚洲比较早就制定了水源区利益补偿制度的国家。

在20世纪70年代之前，日本政府就已发布了第一个水源区综合利益补偿机制法案——《水源地区对策特别措施法》，在随后颁发的法案中进一步完善，至此生态补偿机制已固定成为普遍制度。当今在日本，水源区的补偿主要涵盖依据《水源地区对策特别措施法》确立的补偿措施、水库建设主体提供的直接经济补偿和"水源区对策基金"等三个措施。

二、 建立可持续的生态补偿资金供给机制

在生态补偿实践中，许多国家都兼顾使用市场交易手段和公共财政手段提供资金支持生态环境的治理，建构的机制主要以财税、信贷和市场等为内容。英国、美国以及德国等成功的生态补偿资金供给机制实践对于我国生态补偿资金来源有重要的借鉴意义。至 1858 年起，英国已出资约 300 亿英镑整治泰晤士河的生态，补偿资金主要来源于政府财政、市场融资以及征收的水资源费。德国主要依靠其生态补偿机制改良农用灌溉水质、保护流域生物多样性。美国依靠水土保持补偿机制对生态保护贡献者提供资金支持，如前文所述的茨基尔河流域生态补偿实践，通过资金激励达到改善水质的目的。哥斯达黎加的 EG 水电公司与政府达成协议，EG 公司以每公顷 18 美元的土地标准，政府在此基础上增加每公顷土地 30 美元建立林业基金。例如，茨基尔河流域生态补偿在实践中，以划拨资金的方式对上游的环保建设者给予补贴，激励他们采取环境友好型的工作模式，提高了茨基尔河流域的水质。筹集资金的方式主要包括对水用户征收附加税、信托基金及发行纽约市公债等。哥斯达黎加的萨拉皮基流域上的水电公司 Energia Global（EG）为确保水量的充足供应，必须在增加河流的年径流量的同时减少泥沙的沉积。企业与当地之间达成协议后，以现金的形式支付给将土地用于造林、从事可持续林业生产或保护的上游私有土地主。其资金来源为公司与政府两部分，具体方式为以 18 美元每公顷土地的标准支付资金给国家林业基金，该国政基金根据该规格，每公顷土地将增加 30 美元。

三、 建立流域综合开发管理机制

重视统筹协调发展是国外流域管理体制实践的特征。多数的河湖流域开发、矿山资源开发等都是通过综合协调达到环境污染治理的最终目的。美国建立的田纳西河流域管理局，通过综合开发管理有效地保护了区域的

生态，达到了经济和环境发展的双赢。一方面注重土地资源的综合治理，倡导植树造林来防止水土流失，并且通过示范农场计划吸引了大量农场主参与，指导了如何经营生态平衡的农场，这不但保护了流域内的森林和土地资源，还使农民收获了更高的产品质量，农民的收入大幅增加。另一方面，系统开发管治水资源，如田纳西河流域运输的开发、水电工程的壮大等行业发展，对于防控洪水灾害侵袭作用相当有效，保护了当地居民的人身财产安全。澳大利亚在制定墨累河—达令河流域的综合治理规划时，流域开发建设的重点之一还有生态环境的保护方案，应多思索保护土地资源、管理农业发展和旅游等要点。这样既高效管治了流域，还平衡了经济与生态环境的和谐发展。

四、建立和健全环境污染治理和协调机制

为恢复和治理因经济发展而受损的生态环境，经反复探索实践，多个国家加大了治理力度，以流域为主体，并结合当地实际发展情况，建立了与本地实际情况相匹配的污染防治和协调体系。一是成立与熟悉地方实情的流域管理组织，值得强调的是，中央政府直接负责跨区的管理机构，能提高政府管治的宏观性，具体治理环境污染的方案由地方政府实施。例如，圣劳伦斯河流域水污染问题严峻，加拿大环境部在此设立环境治理中心，专门对准流域跨界污染问题；美国针对田纳西河流域水污染问题设立田纳西河流域管理局，该机构隶属于国会，具有高度自治权。二是尽力改进完善环境污染的治理机制，巩固地方各部门和流域各地政府间的合作。例如，欧盟各国成立防治委员会协同治理莱茵河流域的跨界水污染问题，并负责流域综合治理相关政策的制定以及统筹安排和协调各国的水污染治理工作。

五、建立横向转移支付的生态补偿机制

生态补偿机制实质是有关生态环境的经济政策，其最终目的在于生态环境的维护、人与自然的和谐发展，政府以生态服务价值、生态保护和发展成本、生态发展机会成本，联结应用各方做好生态环境的保护和建设中

多方利益主体的关系。由于我国没有现成的经验与做法可循，在很难建立出真正有效的生态补偿机制的前提下，我们应当汲取西方国家的生态补偿机制的经验，特别是取得较好效果的措施等非常值得我们研究借鉴。诚如前文所述，德国的"生态转移"支付模式使资金在贫富地区之间转移，改变了既得利益格局，实现地区公共服务水平均衡，既保障了资金来源到位，也保障了核算公平。在德国的生态补偿实践，补偿资金是州际之间的转移，有以富济贫的用意，而在美国，政府承担了转移支付资金来源的"大头"，促使流域下游的受益者向流域上游环境保护的提供者提供货币补偿。

19世纪后期，美国的水土保持发展道路迈入了新的发展阶段，开始重点关注促进生态环境质量改善和生态系统稳定发展，水土保持技术设计理念也由传统方案逐步向以保障区域总体生态质量靠拢。从世界范围来看，只有德国通过规范化的横向转移支付制度实现了同级政府间财力平衡问题。德国在已实现纵向平衡为主的前提下，实施了独具特色的辅助性方法，加入了横向财政转移，具体为通过各州之间以及各市镇之间的横向转移支付，提高贫困州或市镇的财政收入，缩小贫困地区与富裕地区之间的财政收入差距，在一定程度上起到地区间财力平衡的作用。该政府采取的基本做法是建立财政平衡基金，主要资金来源为三种方式：一是联邦对贫困州的补充拨款；二是增值税属州级财政部分的25%；三是财政状况较好的州按规定办法计算出来的结果向财政状况不佳的州划拨资金。其中第三种方式的划拨资金的具体操作方法采用因素法，先根据具体的数据与计算方式求出各州的财政平衡指数（代表支出）和财政能力指数（代表财政收入），将每一个州的平衡指数与能力指数相比较，财力指数大于平衡指数，即表明该州状况良好，应属于横向转移支付的付出方，必须向财政平衡基金里缴款；反之，则该州应属于横向转移支付的接收方，可以从财政平衡基金中得到补助。

六、形成广泛的社会公众参与机制

社会公众在环境治理和环保立法中发挥着十分重要的作用，生态环境与广大社会公众的利益息息相关，同时治理工作也离不开广大社会公众的支持。当今，越来越多的国家都非常关注环保工作中社会公众的参与度，还把社会公众参与度作为环境建设、保护和治理的关键要素。如美国的《清洁水法》，规定了在相关环境污染管理决策中实行社会听证制度，保障自己环境权益的公民诉讼制度，环境标准与信息的公布制度等，这些为社会公众参与生态环境的治理提供了制度保障，为公民参与环保工作带来了便利。同时，美国群众较强的环保意识使得他们不仅仅局限于保护自身的环境效益，还创办了许多公益性的环保团体，通过举办展览、公开演讲、游说等形式，有计划地进行环保意识和理念的宣传。同样，澳大利亚特别重视社会公众参与到环境污染的治理中发挥的作用。国家专门规定了社会化的参与途径，公众有的会选派代表或者也可以组成团体组织，共同参加政府组织的流域管理委员会，与政府合力解决环境污染和治理问题，这种集思广益的策略实现了资源开发与利用效益的最大化。

参考文献

石广明、王金南：《跨省流域生态补偿机制》[M]，北京：中国环境出版社，2014。

任勇等：《中国生态补偿理论与政策框架设计》[M]，北京：中国环境科学出版社，2008。

王勇：《政府间横向协调机制研究：跨省流域治理的公共管理视界》[M]，北京：中国社会科学出版社，2010。

宋建军：《流域生态环境补偿机制研究》[M]，北京：中国水利水电出版社，2013。

刘青：《江河源区生态系统价值补偿机制》[M]，北京：科学出版社，2012。

刘玉龙：《生态补偿与流域生态共建共享》[M]，北京：中国水利水电出版社，2007。

秦玉才：《流域生态补偿与生态补偿立法研究》[M]，北京：社会科学文献出版社，2011。

辛志伟：《区域水环境综合解析及管理策略》[M]，北京：中国环境科学出版社，2009。

徐大伟：《跨区域流域生态补偿意愿及其支付行为研究》[M]，北京：

经济科学出版社，2013。

徐小红、陈雪颂：《种城市跨行政区域河流交接断面水质指标评价方法的改进》[J]，浙江水利科技，2014，42（2）。

许凤冉：《流域生态补偿理论探索与案例研究》[M]，北京：中国水利水电出版社，2010。

龚高健：《中国生态补偿若干问题研究》[M]，北京：中国社会科学出版社，2011。

耿雷华：《水源涵养与保护区域生态补偿机制研究》[M]，北京：中国环境科学出版社，2010。

郑海霞：《中国流域生态服务补偿机制与政策研究》[M]，北京：中国经济出版社，2010。

敖长林、高丹、毛碧琦等：《空间尺度下公众对环境保护的支付意愿度量方法及实证研究》[J]，资源科学，2015，37（11）。

白洁：《我国生态补偿横向转移支付制度研究》[D]，中国财政科学研究院，2017。

白杨、欧阳志云、郑华等：《海河流域森林生态系统服务功能评估》[J]，生态学报，2011，31（7）。

卜红梅、党海山、张全发：《汉江上游金水河流域森林植被对水环境的影响》[J]，生态学报，2010，30（5）。

蔡志坚、张巍巍：《南京市公众对长江水质改善的支付意愿及支付方式的调查》[J]，生态经济，2007（2）。

蔡志坚、杜丽永、蒋瞻：《基于有效性改进的流域生态系统恢复条件价值评估——以长江流域生态系统恢复为例》[J]，中国人口资源与环境，2011，21（1）。

蔡志坚、杜丽永、蒋瞻：《条件价值评估的有效性与可靠性改善——理论，方法与应用》[J]，生态学报，2011，31（10）。

曹裕、吴次芳、朱一中：《基与 IAD 延伸决策模型的农户征地意愿研究，经济地理》[J]，2015，35（1）。

陈德敏、董正爱：《主体利益调整与流域生态补偿机制——省际协调的决策模式与法律规范基础》[J]，西安交通大学学报（社会科学版），2012，32（2）。

陈莹、马佳：《太湖流域双向生态补偿支付意愿及影响因素研究——以上游宜兴，湖州和下游苏州市为例》[J]，华中农业大学学报（社会科学版），2017（1）。

程建、程久苗、吴九兴等：《2000—2010 年长江流域土地利用变化与生态系统服务功能变化》[J]，江流域资源与环境，2017，26（6）。

樊辉、赵敏娟：《自然资源非市场价值评估的选择实验法：原理及应用分析》[J]，资源科学，2013（7）。

范小杉、高吉喜、温文等：《生态资产空间流转及价值评估模型初探》[J]，环境科学研究，2007，20（5）。

高文军、郭根龙、石晓帅：《基于演化博弈的流域生态补偿与监管决策研究》[J]，环境科学与技术，2015（1）。

高妍、冯起、王钰等：《中国黑河流域与澳大利亚墨累—达令河流域水管理对比研究》[J]，水土保持通报，2014，34（6）。

葛颜祥、梁丽娟、王蓓蓓等：《黄河流域居民生态补偿意愿及支付水平分析——以山东省为例》[J]，中国农村经济，2009（10）。

葛玉好、赵媛媛等：《城镇居民收入不平等的原因探析——分位数分解方法的视角》[J]，中国人口科学，2010（1）。

麻智辉、高玫：《跨省流域生态补偿十点研究——以新安江流域为例[J]，企业经济》[J]，2013（7）。

耿翔燕、葛颜祥、张化楠等：《基于重置成本的流域生态补偿标准研究——以小清河流域为例》[J]，中国人口•资源与环境，2018，28（1）。

郭梅、许振成、夏斌、张美英等：《跨省流域生态补偿机制的创新——基于区域治理的视角》[J]，生态与农村环境学报，2013，29（4）。

郭少青：《论我国跨省流域生态补偿机制建构的困境与突破——以新安江流域生态补偿机制为例》[J]，西部法学评论，2013（6）。

胡蓉、燕爽：《基于演化博弈的流域生态补偿模式研究》[J]，东北财经大学学报，2016（3）。

黄林楠、张伟新、姜翠玲、范晓秋等：《水资源生态足迹计算方法》[J]，生态学报，2008（3）。

孔凡斌、廖文梅：《基于排污权的鄱阳湖流域生态补偿标准研究》[J]，江西财经大学学报，2013（4）。

李昌峰、张娈英、赵广川、莫李娟：《基于演化博弈理论的流域生态补偿研究》[J]，中国人口·资源与环境，2014，24（1）。

李宁、王磊、张建清：《基于博弈理论的流域生态补偿利益相关方决策行为研究》[J]，统计与决策，2017（23）。

刘成玉、孙加秀、周晓庆：《推动生态补偿机制从理念到实践转化的路径探讨》[J]，生态经济，2008（9）。

刘桂环、文一惠、谢婧：《关于跨省断面水质生态补偿与财政激励机制的思考》[J]，2016（6）。

曲富国、孙宇飞：《基于政府间博弈的流域生态补偿机制研究》[J]，中国人口·资源与环境，2014，24（11）。

孙加秀：《生态补偿机制的实践与反思》[J]，兰州学刊，2007（4）。

孙加秀：《城乡统筹：生态环境视角的研究》[J]，兰州学刊，2008（8）。

田义文、张明波、刘亚男：《跨省流域生态补偿：从合作困境走向责任共担》[J]，环境保护，2012（15）。

王慧杰、董战峰、徐袁：《构建跨省流域生态补偿机制的探索——以东江流域为例》[J]，环境保护，2015,43（16）。

王金南、万军、张惠远：《关于我国生态补偿机制与政策的几点认识》[J]，环境保护，2006（19）。

王军锋、侯超波：《中国流域生态补偿机制框架与补偿模式研究》[J]，中国人口·资源与环境，2013（2）。

王女杰、刘建、吴大千、高甡、王仁卿：《基于生态系统服务价值的区域生态补偿——以山东省为例》[J]，生态学报，2010（30）。

吴娜、宋晓谕、康文慧等：《不同视角下基于 InVEST 模型的流域生态补偿标准核算》[J]，生态学报，2018，38（7）。

武中波、孙秀玲、王鹤：《浅析改善招苏台河吉辽跨省界断面水质措施》[J]，科技创新与应用，2016（29）。

肖加元、席鹏辉：《跨省流域水资源生态补偿：政府主导到市场调节》[J]，贵州财经大学学报，2013，31（2）。

谢高地、鲁春霞、冷允法、郑度、李双成：《青藏高原生态资产的价值评估》[J]，自然资源学报，2003（2）。

刘玉龙、阮本清、张春玲：《从生态补偿到流域生态共建共享——兼以新安江流域为例的机制探讨》[J]，中国水利，2006（10）。

孟雅丽、苏志珠、马杰、钞锦龙、马义娟：《基于生态系统服务价值的汾河流域生态补偿研究》[J]，干旱区资源与环境，2017，31（8）。

潘华、周小风：《长江流域横向生态补偿准市场化路径研究——基于国土治理与产权视角》[J]，生态经济，2018（9）。

易雯、王丽婧、郑丙辉、刘奕慧：《饮用水源水质预警监控断面设置方法及其应用》[J]，环境科学研究，2016，29（8）。

于成学：《辽河流域跨省界断面生态补偿共建共享帕累托改进研究》[J]，干旱区资源与环境，2013，27（8）。

余渊、姚建、昝晓辉：《基于成本核算方法的流域生态补偿研究》[J]，环境污染与防治，2017，39（5）。

曾娜：《跨界流域生态补偿机制的实践与反思》[J]，云南农业大学学报（社会科学版），2010，4（4）。

张明凯、潘华、胡元林：《流域生态补偿多元融资管道融资效果的 SD 分析》[J]，经济问题探索，2018（3）。

张岳：《中国水资源与可持续发展》[J]，中国农村水利水电，1998（5）。

张志强、徐中民、龙爱华、巩增泰：《黑河流域张掖市生态系统服务恢复价值评估研究——连续型和离散型条件值评估方法的比较应用》[J]，自然资源学报，2004，19（2）。

郑海霞、张陆彪、涂勤：《金华江流域生态服务补偿支付意愿及其影响因素分析》[J]，资源科学，2010，32（4）。

徐大伟、郑海霞、刘民权：《基于跨区域水量指标的流域生态补偿量测算方法研究》[J]，中国人口资源与环境，2008，18（4）。

周晨、李国平：《流域生态补偿的支付意愿及影响因素——以南水北调中线工程受水区郑州市为例》[J]，经济地理，2015，35（6）。

周婷、郑航：《科罗拉多河水权分配历程及其启示》[J]，水科学进展，2015，26（6）。

孔凡斌：《生态补偿机制国际研究进展及中国政策选择》[J]，中国地质大学学报（社会科学版），2010（3）。

谢显清：《嘉陵江流域生态补偿机制研究 》[D]，西华师范大学，2017。

曲富国：《辽河流域生态补偿管理机制与保障政策研究》 [D]，吉林大学，2014。

张明波：《跨省流域生态补偿机制研究》[D]，西北农林科技大学，2013。

侯慧平：《流域逐级补偿标准研究》[D]，山东农业大学，2014。

杨莹：《松花江流域生态补偿研究》[D]，哈尔滨工业大学，2019。

王鑫：《中国跨省流域生态补偿制度研究》[D]，西北农林科技大学，2015。

Alana George, Alain Pierret, Arthorn Boonsaner, Valentin Christian, Olivier Planchon,Potential and Limitations of Payments for Environmental *Services （PES） as a Means to Manage Watershed Services in Mainland Southeast Asia*[J],International Journal of the Commons, 2009, 3（1）.

Amigues Jean-Pierre, Boulatoff Catherine, Desaigues Brigitte, et al,*The Benefits and Costs of Riparian Analysis Habitat Preservation： A Willingness to Accept/Willingness to Pay using Contingent Valuation Approach*[J],Ecological Economics, 2002（43）.

Blackman, Allen, Woodward, Richard T.,*User Financing in a National Payments for Environmental Services Program* ： *Costa Rican Hydropower*[J], Ecological Economics, 2010, 69（8）.

Constanza R, de Arge R, Groot R de, et al,*The value of the world's ecosystem services and natural capital. Nature*[J], 1997,（387）.

Daily G C.,*What are ecosystem services? Nature's services: Societal dependence on natural ecosystems*[M],Washington DC: Island Press,1997.

Estelle Midler, Unai Pascual, Adam G. Drucker, *Unraveling the Effects of Payments for Ecosystem Services on Motivations for Collective Action*[J], Ecological Economics, 2015（120）.

Fauzi, Akhmad, Anna, Zuzy,*The Complexity of the Institution of Payment for Environmental Services* ： *A Case Study of Two Indonesian PES Schemes*[J],Ecosystem Services, 2013（6）.

Francisco Xavier Aguilar, Elizabeth Asantewaa Obeng, Zhen Cai,*Water Quality Improvements Elicit Consistent Willingness–to–Pay for the Enhancement of Forested Watershed Ecosystem Services*[J],Ecosystem Services, 2018, 30.

Grolleau G, Mc Cann L M J,*Designing Watershed Programs to Pay Farmers for Water Quality Services: Case Studies of Munich and New York City*[J], Ecological Economics, 2012（76）.

Helmuth Cremer, Firouz Gahvari,*EnvironmentalTaxation,Tax Competition and Harmonization*[J],Journal of Urban Economics, 2004（55）.

J. M. Nyongesa, H. K. Bett, J. K. Lage, *Estimating Farmers' Stated Willingness to Accept Pay for Ecosystem Services*：*Case of Lake Naivasha Watershed Payment for Ecosystem Services Scheme–Kenya*[J],Ecological Processes, 2016（5）.

John Loomis, Paula Kent, Liz Strange, et al, *Measuring he Total Economic Value of Restoring Ecosystem Services in an Impaired River Basin* ： *Result from a Contingent Valuation Survey*[J], Ecological Economics, 2000（33）.

Joshua Farley, Robert Costanza, *Payments for Ecosystem Services*: *From Local to Global*[J], Ecological Economics, 2010, 69（11）.

Kosoy N, Martinez-Tuna M, Muradian R,et al, *Payments for Environmental Services in Watersheds*: *Insights from a Comparative Study of Three Cases in Central America*[J], Eco-logical Economics, 2006（61）.

Matthew Cranford, Susana Mourato, *Community Conservation and a Two-Stage Approach to Payments for Ecosystem Services*[J], Ecological Economics,2011（71）.

Michael D, Kaplowitz, Frank Lupi, *Local Markets for Payments for Environmental Services*: *Can Small Rural Communities Self-Finance Watershed Protection*[J], Water Resources Management, 2012（26）.

Rocio Moreno-Sanchez, Jorge Higinio Maldonado, Sven Wunder, CarlosBorda-Almanza, *Heterogeneous Users and Willingness to Pay in an OngoingPayment for Watershed Protection Initiative in the Colombian Andes*[J],Ecological Economics, 2012, 75.

Stefanie Engel, Stefano Pagiola, Sven Wunder, *Designing Payments forEnvironmental Services in Theory and Practice: An Overview of the Issues*[J], Ecological Economics, 2008, 65（4）.

Stefano Pagiola, Agustin Arcenas, Gunars Platais, *Can Payments forEnvironmental Services Help Reduce Poverty?An Exploration of the Issues and the Evidence to Date from Latin America*[J], World Development, 2004, 33（2）.

Subhrendu K, Pattanayak,*Valuing Watered Services: Concepts and Empirics from Southeast Asia*[J], Agriculture, Ecosystem and Environments, 2014（12）.

Tom Clements, Ashish John, Karen Nielsen, Dara An, Setha Tan, E. J.Milner-Gulland, *Payments for Biodiversity Conservation in the Context of Weak Institutions: Comparison of Three Programs from Cambodia*[J], Ecological Economics, 2009, 69（6）.

Zander K K, Straton A, *An Economic Assessment of the Value of Tropical River Ecosystem Services* : *Heterogeneous Preferences among Aboriginal and non-Aboriginal Australians*[J], Ecological Economics,2010, 12（69）.